U0781612

欲望极简

我们都要和固执的自我坦诚相对

韦甜甜 著

台海出版社

图书在版编目(CIP)数据

欲望极简：我们都要和固执的自我坦诚相对 / 韦甜甜著. —北京：台海出版社,2016.10

ISBN 978-7-5168-0975-4

Ⅰ.①欲… Ⅱ.①韦… Ⅲ.①欲望-通俗读物 Ⅳ.①B848.4-49

中国版本图书馆 CIP 数据核字(2016)第 227843 号

欲望极简：我们都要和固执的自我坦诚相对

著　　者:韦甜甜

责任编辑:刘　峰
装帧设计:马小马　　　　　　版式设计:通联图文
责任校对:唐思磊　　　　　　责任印制:蔡　旭

出版发行:台海出版社
地　址:北京市朝阳区劲松南路 1 号　　邮政编码：100021
电　话:010-64041652(发行,邮购)
传　真:010-84045799(总编室)
网　址:www.taimeng.org.cn/thcbs/default.htm
E-mail:thcbs@126.com

经　销:全国各地新华书店
印　刷:北京鑫瑞兴印刷有限公司
本书如有破损、缺页、装订错误,请与本社联系调换

开　本:880mm×1230 mm　　　1/32
字　数:180 千字　　　　　　　印　张:9.25
版　次:2016 年 10 月第 1 版　　印　次:2016 年 10 月第 1 次印刷
书　号:ISBN 978-7-5168-0975-4

定　价:36.00 元

版权所有　翻印必究

前 言 Preface

●●●●●●●●●●●

2016年，人民日报推出"极简主义生活方式"，定义为：对自身的再认识，对自由的再定义。

"深入分析自己，首先了解什么对自己最重要，然后用有限的时间和精力专注地追求，从而获得最大的幸福。放弃不能带来效用的物品，控制徒增烦恼的精神活动，简单生活，从而获得最大的精神自由。"

在知乎、豆瓣上流行这样一句话："极简物质，不如极简欲望。物质只是形式，欲望才是导致乱的原因。"

所以，每一个渴望"极简主义生活方式"的人，都应该先着手简化自己的欲望。

1

说到"欲望极简"，首先我们要正确地认识什么是"欲望"。

人类的欲望（Desire）是由人的本性产生的想达到某种

目的的要求，欲望无善恶之分，关键在于如何控制。

欲望是世界上所有动物最原始的、最基本的一种本能，从人的角度讲，是心理到身体的一种渴望、满足，它是一切动物存在必不可少的需求。一切动物最基本的欲望就是生存与存在。

印度20世纪伟大的哲学家、心灵导师克里希那穆提说："对欲望不理解，人就永远不能从桎梏和恐惧中解脱出来。如果你摧毁了你的欲望，可能你也摧毁了你的生活。如果你扭曲它、压制它，你摧毁的可能是非凡之美。"

所以，我们应该先了解那些成就我们人生的基本欲望，并且善待它们。具体来说，这世上没有完全相同的两个人，也没有任何两个人的"欲望图谱"完全一样。而在人生的各个领域，我们都具备满足自己基本欲望的潜能。在本书的第一部分，我们针对人生的各个面向：情感、事业、家庭、运动和精神灵性，阐述每个人应该如何通过满足自己的基本欲望来获得有价值的幸福感，帮助你更深刻地了解自己，了解你身边的人。

2

正如弗洛伊德指出的："本能是历史地被决定的。"作为一种本能结构的欲望，无论是生理性或心理性的，都不可能超出历史的结构，它的功能作用是随着历史条件的变化而变化的。因此，欲望的有效性与必要性是有限度的，满足不是绝对的，总有新的欲望会无休止地产生出来。由于欲望这种不知餍足的特性，欲望的过度释放会产生破坏的力量。

不要看到别人拥有什么、别人做什么就羡慕，然后导致自己身心不能平静，从而忽略了真正对自己重要的东西，而去花更多时间、精力去做那些本不该做的事。这样的后果是很严重的，所以，"欲望极简"对于事业、生活、感情都特别重要。

了解自己的真实欲望，不受外在潮流的影响，不盲从，不跟风。

把自己的精力全部用在自己最迫切的欲望上，如提升专业素养、照顾家庭、关心朋友、追求美食等。

了解、选择、专注于1~3项自己真正想从事的精神活动，充分学习、提高，不盲目浪费自己的时间与精力。

……

当我们做到不为那些我们不是很需要的、意义不大的事所动时，我们的精神世界就会得到清静，从而有更多的时间和精力专注于我们喜欢的事。

本书的第二、第三部分，告诉我们欲望不是纯粹的、绝对的东西，它需要理智的调控与节制，教我们如何定期给欲望的树木修剪枝叶，如何保持清醒，告诉自己真正想要的是什么。

请卸下捆绑在自身的"贪婪气囊"，做个少欲一身轻的人！细细品味生活赋予自己的一切，与自己较劲，追寻属于自己的生活吧！

3

在欲望的讨论上，我们应该理性地认识到，佛教的精神分析法是具有一定科学性的。在精神现象的探索上，佛教提供了许多有价值的理论供我们思考。

《菜根谭》上说："万事皆缘，随遇而安。"人生的自得与悠然欢喜全靠这随缘的心境。佛家有云："随遇而安，随缘生活；随心自在，随喜而作。若能一切随他去，便是世间自在人。"

要做世间自在人，就要先从内心做起，内心不受到拘束，也不受到干扰才行。本书的最后一部分，从佛学的角度出发，指点我们，如何拥有一种无牵无挂、无忧无虑、知足豁达的人生态度，一份淡泊宽大的心境。若能达到这番境界，那么，无论我们身在何处，都能够找到属于自己的生活。

目 录 Contents

Part 3 精神极简——给虚胖的欲望瘦瘦身

Part 4 欲望极简——和固执的自我坦诚相对

Part 1

我 是 谁

——成就你人生的基本欲望

第一章

你配得上这世间所有的好

1.认识自己，便什么也不会失去

尼采曾说："聪明的人只要能认识自己，便什么也不会失去。"每个人都有自己独特的个性和长处，都可以选择自己的目标，并通过不懈的努力去争取属于自己的成功。

安东尼·罗宾本来是一名贫穷潦倒的小伙子，26岁时仍然住在仅有10平方米的单身公寓里，洗碗盆也只能在浴缸里洗，生活一团糟，人际关系恶劣，前途一片黯淡。然而，自从他发现内心蕴藏着无限的潜能后，生活便开始大为改观，成为了一名充满自信的成功者。如今，他是一位白手起家、事业成功的亿万富翁，是当今最成功的世界级激发心灵潜能专家、成功的创业家及卓越的咨商顾问，他协助职业球队、企业总裁、国家元首激发潜能，渡过各种困境及低潮。他的著作在全世界已有十数种译本，受益的人不计其数。

每个人的潜能是无穷的，但需要你去开发利用。不管是工作学习，还是克服你本能的恐慌，都需要开发你的潜能。潜能开发了，本领强大了，自然也就不恐慌了。

有一个"西红柿"的故事。

在1985年日本筑波国际科技博览会上，有一粒极普通的西红柿种子，它长成后，一片叶子就可以伸展到14平方米那么大！一片叶子就有这么大，它的体积可想而知，它结出的果实数量更是令人觉得不可思议，竟然多达13000多个！

用一般方法种西红柿，就算再勤勤恳恳、尽心尽力，能结出几十个果实就已经很了不起了！可这颗不平常的西红柿种子竟然结出了13000多个果实，这是怎么做到的呢？

其实也没有使用什么魔法，仅仅是采用了一种"水耕法"培育而已。

我们每一个人就像一颗发育极不充分的西红柿，都有结一万多个果实的潜能，却只开发出了结几个、十几个、几十个果实的能力。

所以，著名心理学家詹姆斯说："我们只不过清醒了一半。我们只运用了身体上和精神上的一小部分资源，未开发的地方很多很多，我们有许多能力都被习惯性地糟蹋掉了。"

美国著名的富尔顿学院心理学系的学者也说："编撰20世纪历史时可以这样写：我们最大的悲剧不是恐怖的地震，不是连年战争，甚至不是原子弹投向日本广岛，而是千千万万的人生活着然后死去，却从未意识到存在于他们身上的巨大潜能。"

没有发现自己潜能的人，都是还没有清晰地认识自我，"认识自我"是镌刻在古希腊戴尔菲城那座神庙里唯一的碑铭，犹如一把千年不熄的火炬，表达了人类与生俱来的内在要求和至高无上的思考命题。

认识自我，是我们每个人自信的基础与依据。即使你所处的环境不好，遇事总是不顺心，但只要你赖以自信的巨大潜能和独特个性及优势依然存在，你就可以坚信：我能行，我能成功。

一个人在自己的生活经历中，在自己所处的社会境遇中，能否真正认识自我、肯定自我，如何塑造自我形象，如何把握自我发展，如何抉择积极或消极的自我意识，将在很大程度上影响或决定着一个人的前程与命运。换句话说，你可能渺小而平庸，也可能伟大而杰出，这在很大程度上取决于你的自我意识究竟如何，取决于你是否能够拥有真正的自信。请你一定要记住，认识自我，自己就是一座金矿，拥有自信、自主、自爱，你就一定能够在自己的人生中展现出应有的风采。因此，认识自我这一过程的实现与完成，同时也能悦纳自我，培养自信心，发掘潜能，最终达到自我实现的目标。

如同天底下没有相同的树叶一样，每个人身上都有不同于他人的优势，让我们做个聪明人，别光盯着自己的弱点，好好找找自己的优势潜能，并把它发挥出来。

2.每个人的内心深处，都隐藏着想要解放的欲望

为什么有些人会泯然于众人，有人却经过多年之后仍旧保有其地位，依然才能出众，备受瞩目？他与其他人有何差异？是身体的构造不同？还是心灵、精神、企图心等方面存在差异？或者说，是一种保持状态的能力在起作用？

实际上.这正是我们应该注意的方向——一个人内心的状态以及企图心。

以在法国科西嘉岛上的贫困家庭出生的拿破仑为例，他拥有坚强不屈的意志.甚至能够控制自己的肉体，视情况需要调整睡眠时间。但是，拿破仑后来也脱离了现实，自

认为已立于不败之地，把自己看成了神。他忘记了成功是由许多条件与历史因素（亦即当时人们对革命的信仰、基层士兵的欲望、欧洲各国民心一致）造成的，于是走向衰败。如果他有更深的教养，能够倾听别人的声音并加以反省，不断提醒自己不要陷于忘乎所以，或许就可以免于如此快速地走向没落。

实际上，所有人都是如此。每个人的内心深处都隐藏着想要解放的欲望，这正是驱策我们向前走的强烈动机。但是，我们一旦在事业、恋爱、艺术、学术等方面获得成功，就容易忘掉是什么原因或靠谁的帮忙才得以成功，就容易放松自己的企图心。

保罗·罗西是意大利足球史上最优秀的中锋之一，有"金童子"之称。他球技高超，在西班牙世界杯赛上，为意大利队夺冠立下了汗马功劳，当选为第十二届世界杯赛的最佳射手和最佳球员，包揽"金球奖"和"金靴奖"。但这样优秀的球员，在世界杯之后，球技却开始走下坡路，无论是在俱乐部还是在国家队，他都没有了进取的热情，在球队中的作用也日渐减弱，最终在31岁这个球员的当打之年宣布退役。

如何适时地调整自己的状态，以使自己适应人生中的各种时期和各种可能出现的意外，是生命中最重要的课题之一。

比如一名作家，在某一段时期里，他会感到有着非常强烈的创作欲望，不断地写出脍炙人口的作品。在写作时，他会觉得思路很顺畅，文字像要从脑海里蹦出来一样。这时候他写的东西，优美感人，人物形象栩栩如生，使人读起来不忍释手。

可是，突然有一天，或者在他付出艰辛的努力终于写完一个长篇小说之后，他可能会感到浑身轻松，当他预备写下一个长篇小说时，他却发现自己怎么也写不出来，挖空心思写出来的作品连自己也看不下去。

实际上，这是他的状态出现了问题。当然，这同受外界的诱惑而导致的松懈完全不同，而这种状况又往往令人不明不白，难以找到具体的原因。但这并非绝对不可扭转的，关键是不论在何种状况下，都应对自己所处的环境、心态、工作性质及周围的人等有明确的了解，适当地加以调整自己的情绪，改变一成不变的工作方法。这样，才可能扭转颓势，使自己重新找到良好的状态，保持不断进取的势头。

前文中的作家，之前由于太投入、太紧张，而后来突然松懈，这之间形成的反差，使得其心理上疲软下来。这时候，他只要走出家门，放空自己，过段时间再次提笔时，他会发现自己的灵感已恢复如初，写作起来也会异常顺利。

这是调整状态的一种方法，即转移注意力。连续的工作和过度紧张，容易使我们工作效率及心理情绪的低下，因此有必要转移注意力，让自己的身体和心灵都得到休息、恢复。

而对于另一种人来说，情况则完全相反。这种人是在取得一定的成功后，变得自大、骄傲、自以为是，从而放松了主动进取。他们很满足于已经取得的成绩，认为自己用不着再像从前一样艰苦努力和辛勤劳作。因此，他们开始讲究享受，个性也变得狂傲不羁，颐指气使，高高在上。但这种日子不会持续太久，到他突然发现自己坐吃山空，需要重新奋斗时，他会惊慌失措。显然，这时的他们已找不到当初劲头十足、游刃有余的感觉，做什么事都会磕磕绊绊，极不顺利。这当然是由于身心的懈怠所致。

善于调整自己的人不会允许自己出现这种松懈。不管取得了什么样的成就，他都能正确面对，心神宁静。他不会为任何的成功沾沾自喜，而忘记追求成功的艰辛和困苦，也不会为一时的挫折垂头丧气，而失去重新战斗的勇气。只有这种人，才不会被历史的洪流所湮没。

记住，要不断调整自己的人生航向，使之在安全、正确的航道上高速前进，一直到达理想的彼岸。

3.宝贝放错了地方就是垃圾

如何发现并找到自己的位置？

这跟一个人的目光有关，我们怎么看决定了我们所在的位置。以爬树为例，如果一直向上看，我们就会觉得自己一直在下面；如果一直向下看，就会觉得一直在上面。所以，我们感觉到的位置取决于我们是在朝前看还是向后看。换一种眼光就能看清自己不同的位置，进而能相对客观地认识自己的处境和真正的位置。明白了自己真正的位置，我们才能明白自己的能力——这个位置真正需要的能力。

每个人都要有与位置相符的能力。世界第一高峰的珠穆朗玛峰之所以是攀登者心中的圣地，就在于它本身拥有的高度；哈佛大学之所以是众多人心目中的理想殿堂，就在于哈佛本身的实力——给你思考，成就更好的你。

所以，我们要看到珠穆朗玛峰、哈佛大学它们本身的价值，因为这才是最本质的东西。石头并不会因为美丽的盒子而变成宝石，金子即便被丢在角落里也会发光。所以，我们要学会让自己拥有这个位置需要的能力，要给自己的能力找一个合适的位置。

名正才能言顺，安于其位才能尽好自己的责任。在社会的大舞台上，我们会有不同的角色，处在不同的位置。有时，即使是同一个角色，随着剧情的推演也会有所变化。我们能做的就是了解自身的能力，给自己一个好的位置。

中年的徐向阳下岗了，为了生计，他不得不四处奔波。

看着身边的人，炒股的、做生意的、开出租的，一个个都很赚钱。徐向阳也动了这方面的心思，想去开出租。但是，他连汽车都没摸过。

后来通过托亲戚、找朋友，徐向阳终于找到了一份酒店的工作。虽然工作不是很累，但他总觉得没什么前途，所以没做多久就辞职了。回到老家后，徐向阳开始调整自己的思路，自己以前不是在报刊上发表了不少文章吗？为什么不把它们复印下来，装订成册呢？有了这些资本，也许自己能找一份不错的工作。

在省城，徐向阳跑了很多场招聘会，专门找一些需要文字工作的岗位应聘，结果单薄的大专文凭和已不再年轻的年龄让徐向阳举步维艰。那些日子里，徐向阳每天做的事就是买报纸看招聘广告、赶场应聘、投放简历，然后在一些含糊的答复中等待招聘单位的消息。

一天，徐向阳终于等到了一家文化单位面试的电话通知。那一刻，徐向阳的心里翻江倒海，酸甜苦辣，什么滋味都有。他精心准备了面试可能要回答的问题，直到凌晨三点才进入梦乡。

天道酬勤，徐向阳十几年的工作经验和那些文章帮了他大忙。这次面试，徐向阳从20余名应聘者中脱颖而出，成了一名内刊编辑。按招聘单位负责人的话来说，他们想找的是一名能立即投入工作进入角色的编辑，而不是华丽的文凭外衣。

经过几年漫无目的的奔波，徐向阳终于找准了适合自己的位置。一年来，徐向阳一边工作，一边努力学习编辑的业务技能和行业知识，他负责编辑的文章没有出现过一次差错，有一篇还获得了省期刊年度好编辑奖。业余时间，徐向阳撰写了一些文章投给全国各地的报纸杂志，发表出来的达300余篇。

徐向阳在找准了自己的位置后，终于实现了自身的价值。

对一个人来说，生活中最大的困难不是失败与挫折，而是如何摆正自己的位置。挫折、失败只是人们遭受的外来"痛苦"，如果没有内在的调整，没有迅速恢复的能力，没有一个好心态，就无法从痛苦中走出来。

有时，正是外在的不幸或际遇，能让一个人找到更好的位置。鲁迅原本想通过学医来救治国人的身体，但最终他弃医从文，拾起笔做匕首；史铁生饱受几十年坐轮椅的痛苦，但他不屈服于命运的捉弄，从纸笔中发现了自己的文学才华，展现出了一个更积极、更健康的自己。

这个世界并不是只有伟人，也不是只有普通人。有时，伟人之所以是伟人，就是因为那个位置——位置让他去调整自己、锻炼能力。位置本身并没有绝对的好坏高低，那只是我们自己的主观评判，不同的人可以根据自身的心境和感觉做出判断。

只要我们安心于自己的位置，并在这个位置上付出，便能有自己的精彩，为自己构筑一个丰富的世界。

从前，一位陶工制作了一只精美的彩釉陶罐，他把这只精美的陶罐搬回家中放到了屋角的一块石头上。

陶罐认为主人把自己放错了地方，整天唉声叹气地抱怨说："我这么漂亮，这么精致，为什么不把我放到皇宫里作为收藏品呢？即使摆放到商店展出，也比待在这儿强啊！"

陶罐底下的石头听了忍不住劝它："这儿不是也挺好吗？我比你待的时间还久呢。"

陶罐听了，讥讽石头说："你算什么东西！只不过是一块垫脚石罢了，你有我这么漂亮的图案吗？和你在一起，我真感到羞耻。"

石头争辩说："我确实不如你漂亮好看，我生来就是做垫脚石的，但在完成本职任务方面，我不见得比你差……"

"住嘴！"陶罐愤怒地说，"你怎么敢和我相提并论！你等着吧，要不了多久，我就会被送到皇宫成为收藏品……"它越说越激动，不提防摇晃了一下，"哗啦"掉在地上，摔成了一堆碎片。

一年一年过去了，世界发生了许多事情，一个又一个王朝覆灭了，陶工的房子早已倒塌了，石块和那堆陶罐碎片被遗落在荒凉的角落，历史在它们的上面积满了渣滓和尘土。

许多年以后的一天，人们来到这里，掘开厚厚的堆积物，发现了那块石头。

人们把石块上的泥土刷掉，露出了晶莹的颜色。"啊，这块石头可是一块价值连城的宝玉呢！"一个人惊讶地说。

"谢谢你们！"石块兴奋地说，"我的朋友陶罐碎片就在我的旁边，请你们把它也发掘出来吧，它一定闷得受不了了。"

人们把陶罐碎片捡起来，翻来覆去查看了一番，说："这只是一堆普通的陶罐碎片，一点价值也没有。"说完就把这些陶罐碎片扔进了垃圾堆。

不满于自己的位置，但又不清楚自身的能力，找不到合适位置的人，总是在飘忽不定，这样势必会失去更多的风景和可能。

你是故事中的石块，还是陶罐呢？

社会是一座舞台，要想在这个舞台上成为一名好演员，就必须根据自己的素质、才能、兴趣和环境条件，选择适合自己的社会角色，只能演配角就不要去争当主角，适合当士兵就别奢望当将军。如果认不清自己，不满足于普通的角色，像故事中的陶罐那样，一心想成为皇宫的收藏品，把自己摆错了位置，到头来只会白费力气，一事无成。反之，一旦选准了适合的角色，走向成功也是顺理成章的事情。

4.所有智力方面的工作都依赖于乐趣

心理学家皮亚杰明确地指出："所有智力方面的工作都依赖于乐趣。"

有了兴趣，人们就会自觉地从事或追求自己爱好的事情。兴趣、爱好是一种动力，它使人勤奋，使人坚持不懈地干下去。

1978年的4月1日，胡厚培迎来了他的第一个孩子——胡一舟。就像愚人节的一个玩笑一样，他很快发现自己的孩子智力有问题，并通过医生得到了证实。医生告诉他：胡一舟的基因发生了变异，第21对染色体多了一条，这种情况在医学上被认为是先天愚型患者，属于智力残疾，并且是医治不了的。20年的时光弹指而过，胡一舟的智商水平一直在30左右，而正常人的智商则在70以上。20余岁的他，只会从1数到5，他那厚厚的作业本里只有一道"3+2=5"的数学题。因为语言障碍，没有逻辑思维能力，胡一舟无法上学，几乎不识字。尽管父亲不断用自己的爱心和耐心来锻炼儿子的智力，不厌其烦地教儿子数数，认简单的字，但是，无论胡厚培动多少脑筋，制作多少卡片，胡一舟就是学不会。

但是先天的愚钝并没有妨碍胡一舟对音乐的感悟，在乐团工作的父亲经常把他带在身边，并让他参加乐队的排练。或许是从小就不断受到熏陶的缘故，长期的耳濡目染使胡一舟爱上了音乐，当乐队演奏的时候，他经常不由自主地舞动双臂，好像他在指挥着乐队演奏。一次偶然的机会，胡一舟竟拿着指挥棒成功地指挥了乐队的一次演奏，让大家感到无比惊讶和意外。这个连最简单的数字都不会数认，甚至连自己的名字都不会写的孩子，竟然能表现出交响乐中的节奏、强弱、声部的转换等，并且把老指挥的动作模仿得惟妙惟肖，简直太不可思议了。

就这样，6岁的胡一舟被乐团首席第二小提琴手刁岩收为弟子，学习乐团指挥。十多年的音乐熏陶使胡一舟能熟记十多部中外名曲的旋律，并能惟妙惟肖地模仿乐团指挥家的指挥动作。几年以后，胡一舟成为了世界上第一个智力有障碍的指挥家，声名远播。

以胡一舟的智力而言，他再学20年数学，也只能多会几道简单的数学题，但这对于他的人生来说又有什么帮助呢？他尽力弥补的是一个永远也弥补不了的缺口。幸运的是，胡一舟的爸爸及早地放弃了让儿子在其他方面与别人争得平等的努力，发现了胡一舟的音乐天赋。在对音乐的追求中，胡一舟得到了人生的快乐，获得了精神的满足，这足以让他的人生更具非凡的意义。

如果我们教乔丹去踢足球，我们将失去一位伟大的篮球巨星；如果我们教马拉多纳去打篮球，结果也一样。爱因斯坦做不了音乐家，贝多芬也做不了科学家。

你要确定自己的终生奋斗目标，首先要问问你自己的兴趣所在。所谓兴趣，是指一个人力求认识某种事物或爱好某种活动的心理倾向，这种心理倾向是和一定的情感联系着的。

爱因斯坦4岁时，父亲送给他一个指南针。指南针无论怎么摆放，指针总是朝着那个方向。"这里面一定有什么神秘的力量在起作用！"这使他感到了莫大的惊奇，父亲通过让他直接感知激发了爱因斯坦对科学的兴趣。爱因斯坦在自传中追溯自己的科学历程时，专门谈了这件事给他心灵带来的震动。他认为，思维世界的发展在某种意义上是对惊奇的不断摆脱。

古希腊著名哲学家柏拉图说："若把'强制'与'严格'训练少年们孜孜求学的方式，改为引导兴趣为主，他们势必劲力喷涌，欲罢不能。"

邹韬奋也说过："一个人在学校里表面上的成绩，以及较高的名次，都是靠不住的，唯一的要点是他对所学的是否真正喜欢，是否真有浓厚的兴趣。"

经研究发现，几乎90%的人脑细胞具有情感效能。因此，只有在愉快的心情下，学习效果才会最佳，才能把大脑里所藏的学习潜力最大程度地发挥出来。

然而，很多人会说，他知道从事自己感兴趣的事情是多么地愉快，但就是对自己所做的事情不感兴趣。在这种情况下，他有两种选择：一是彻底放弃自己正在做的事情，寻找自己真正感兴趣的事，不管有多困难，都要坚持干下去；另一种是在无法从事自己最热衷的工作时，在现有的工作中培养自己的兴趣，在勉强自己一段时间之后，也许会在自己完全不感兴趣的工作中找到乐趣。

刘伟在学校里成绩优秀，但因为家庭生活困难，不得不中途辍学。对一个高中毕业生来说，要找一个好工作实在是太难了。他虽干了不少工作，但没有一个是他满意的，所以他对这些工作都抱着打零工的心态，在什么地方都干不长。

高中毕业5年后，刘伟仍然没有自己的事业。年龄越大，对打杂工一类的低下工作越不感兴趣。即使有人要他去做学徒学个手艺，他也不好意思去。在这时，他父亲最后一次帮他找了一个在运输公司开车的工作。他开始对这份工作产生了兴趣，比以前做任何工作都认真。同时，他也得到了老板的赏识，老板教了他很多运输业方面的知识。后来，老板因体力原因提前退休，把生意交给了刘伟管理。

这真是意外的幸运，刘伟由开车司机变成了运输行业的经理，使他对这一行产生了更大的兴趣，而且也有了很大的抱负，立志要把这个小公司发杨光大。刘伟这时候才明白，工作兴趣的确是可以培养的。他也体会到，以前是因为自己的理想太高，老是觉得有更好的工作机会在前面等着他。可这次，他在现实生活和父亲的逼迫下不得不勉强自己对工作产生兴趣，而这一心理上的转变正是他成功的主要原因。

兴趣是一把双刃剑，兴趣太多不但对成功无益，还会严重影响我们的生活，所以，我们要通过意志、志向的控制和引导，对兴趣做出选择。

列宁曾经对溜冰有很大的兴趣，但这一兴趣严重地影响到了他的学习。溜冰本身就耽误时间，溜冰后又十分疲劳，什么事情都做不了。为此，列宁费了很大的功夫才克服了这个兴趣的困扰。

在人生的道路上，我们会碰到各种各样让我们感兴趣的人和事，因此，我们要有敏锐的判断力和坚定的意志，选择那些值得我们去追求的兴趣。在积极向上的兴趣的鼓舞下，我们自身各方面的潜能和优势都能得到极大发挥，从而促使我们奔向成功之路。

5. "天生我材必有用" 绝不是一句空话

"天生我材必有用" 绝不是一句空话，只要你找到自己的天赋并将它发扬光大，事业上获得成功、实现自身价值、拥有更好的生活都不是不可及的事。

人才被埋没大体有两种情况：一种是社会埋没，另一种是自我埋没。社会埋没人才，比较引人注目，有人痛惜，有人不平，有人呐喊，有人改进。而人才的自我埋没——这种埋没也许比社会埋没更普遍、更严重——却极少有人发现，因为，这种埋没是无声无息的，连被埋没者自己都很难觉察！

哈里·莱伯曼先生是位著名的制药专家，80岁才离开顾问的岗位真正退休。他退休后常到俱乐部去下棋，以此来消磨时间。

有一天，女办事员告诉他，往常那位棋友因身体不适，不能前来作陪。看到老人失望的神情，这位热情的办事员就建议他到画室去转一圈，可以试着画几下。

"您说什么，让我作画？"老人哈哈大笑，"我从来都没有摸过画笔。"

"那不要紧，试试看嘛！说不定您会觉得很有意思呢！"

在女办事员的一再坚持下，哈里·莱伯曼到了画室。过了一会儿，她又跑来看看老人"玩"得是否开心。

"太棒了，老先生！您刚才一定是在骗我！您简直是一位名副其实的画家。"她笑着对老人说。

不过，老人刚才说的全是实话，这确实是他第一次摆弄画笔和颜料，只是以前从未发现自己有绘画的才能。

提起当年这件往事，老人颇有感慨地说："我开始很不适应退休后的生活，那曾是我一生中最忧郁、最难熬的时光。那位女办事员给了我很大的鼓舞，从那以后，我每天都去画室，从作画中，我又找到了生活的乐趣。从事一项力所能及的有意义活动，就会使人感到又投入了朝气蓬勃的新生活。"

后来，绘画对于这位八旬老人来说，已经不仅仅是一项单纯的消遣活动了，他对作画产生了浓厚的兴趣。82岁那年，老人还去听了绘画课，一所学校专为成年人开办的十周补习课程。这是老人有生以来第一次系统地学习绘画知识。在第三周课程结束时，老人直率地向任课教师画家拉里·理弗斯抱怨道："您给每一位学员都讲得耐心细致，对我却从来不给予帮助和指导，甚至连一句话也不说。这是为什么？"显然，老人有些不高兴了。

"先生，因为您所做的一切，我自己实在是赶不上。我怎么敢妄加指点呢？"拉里·理弗斯说得情真意切，还自愿出钱买下了老人的一幅作品。

人的潜能有时是极其惊人的。就这样，不到4年的光景，哈里·莱伯曼的许多作品先后被一些著名收藏家购买，并被选入博物馆收藏。

1977年11月，洛杉矶一家颇有名望的艺术品陈列馆举办了第23届画展：哈里·莱伯曼101岁画展。

这位百岁老人笔直地站在入口处，迎候参加开幕仪式的400多名来宾，其中有不少画家、收藏家、评论家和新闻记者。老人身材瘦长，脸上皱纹已深，下巴留着一撮胡须，头发花白，却精神焕发，衣着整洁。其作品中表现出来的活力，赢得了许多参观者的赞叹。美国艺术史学家斯蒂芬·朗斯特里特热情洋溢地赞美道："许多评论家、艺术品收藏家，透过这种热情奔放、明快简洁的艺术，看到了一个大艺术家的不凡手法。"

人才自我埋没的现象是普遍、严重的。究竟有多少自我埋没了的人我们无从知晓。

俄国戏剧家斯坦尼斯拉夫斯基在排练一场戏剧的时候，女主角突然因故不能演出。他实在找不到人，只好叫他的大姐来担任这个角色。他的大姐以前只是干些服装准备这类的事，现在突然演主角，由于自卑、羞怯，排练时演得很差，这引起了斯坦尼斯拉夫斯基的不满和鄙视。一次，他突然停止排练，说：如果女主角演得还是这样差劲，就不再往下排了！这时，全场寂然，屈辱的大姐久久没有说话。突然，她抬起头来，一扫过去的自卑、羞怯、拘谨，演得非常自信、真实。斯坦尼斯拉夫斯基用"一个偶然发现的天才"为题记叙了这件事，他说："从今以后，我们有了一个新的大艺术家……"试想，如果不是原来的女主角因故不能演出，如果斯坦尼斯拉夫斯基不叫他大姐试一试，如果不是他大发雷霆，使他大姐受到刺激而改变羞怯的态度，没有这一切偶然因素，他大姐就一定会被埋没——不是被社会埋没，而是被自己埋没！

如果你选对了符合自己特长的努力目标，就能够成功；

如果你没有选对符合自己特长的努力目标，就无法成功，多少会埋没自己的能力。

导致人才自我埋没的原因是很复杂的，主要有下面几点：

（1）缺乏远大的理想和抱负

一个人如果没有理想、事业心，他就会庸庸碌碌度过一生。有不少青年人很聪明，很有才干，也很自信，却无所作为，原因是不想干。一个不想获胜的人永远不会在比赛中得到冠军。不管你有多大的才干，没有远大的理想和抱负，势必会自我埋没。

（2）错误地选择了努力的目标

天赋在人才成功中起着一定的作用。胡荣华15岁获得全国象棋冠军，光用刻苦和找对方法很难解释这一点。大多数人在某些特定的方面都有着特殊的天赋和良好的素质，即使是那些看起来很笨的人，也许在某些特定的方面就有杰出的才能。陈景润当数学老师很吃力，却可以攻坚世界难题；柯南道尔作为医生并不出名，可他写的小说却名扬天下……每个人都有自己的特长，都有自己特定的天赋与素质，如果你选对了符合自己特长的努力目标，就能够成功。

（3）严重的自卑感

明显的或者潜在的自卑感都会造成对自己能力的怀疑，从而导致自我埋没。

有一个爱好文学的农村青年，写了不少小说，但由于自卑，总不敢寄出去。后来在一个朋友的鼓励下寄出了一篇，很快就发表了。这增强了他的自信心，不久，他就成了一个有成就的小说作者。

（4）缺乏正确的方法、浓厚的兴趣

人才成功是有"捷径"的，学习知识也是有"捷径"的，这"捷径"就是正确的方法。如果你不知道记忆的规律和方法，你将事倍功半；而如果你了解记忆的奥秘，你就能事半功倍。

要防止自我埋没，就要做到以下几点：

（1）善于自己设计自己

根据自己的环境、条件、才能、素质、兴趣等，确定进攻方向，不要埋怨环境与条件，努力寻找有利条件；不能坐等机会，要自己创造条件；拿出成果来，获得了社会的承认，事情就会好办一些。

（2）消除自卑感

严重的自卑感不仅会扼杀一个人的聪明才智，还会形成恶性循环：由于自卑感严重，不敢干或者干起来缩手缩脚，没有魄力，这样就显得无所作为或作为不大；旁人会因此说你无能，旁人的议论又会加重你的自卑感。因此，必须一开始就打断它，丢掉自卑感，大胆干起来。

（3）防止自我埋没，还应注意方法

多读一些科研方法论的书；多读一些科学家的传记；善于请教别人；善于查阅资料；善于利用你所能利用的一切，最大限度地发挥你的聪明才智。

6.你要爱自己，给她饭吃，给她水喝，给她情书

　　哲学家尼采在《查拉图斯特拉如是说》中说："你在内心深处很清楚即使你身在人群之中，你也是跟一群陌生人在一起。对你自己来说，你也是个陌生人。"如果你和自己都是陌生人，即使朋友遍天下，也只是热闹而已，你的内心仍然是孤独的。

　　的确，有时候一大帮人在一起打打闹闹，孤独的感觉却比一个人的时候还要强烈。因为你与周围的人格格不入，无法进入那种热烈的气氛里，在这种热烈气氛的映衬下，你觉得自己更加孤独。而一个人的时候，海阔天空地遐想，反而没那么觉得孤独。

　　可见，呼朋唤友，置身于喧嚣的人际，并不是驱除孤独的方法。唯一的方法是哲学家说的"真正爱自己，依靠自己的力量"。

　　我们只有凭借体内自有的韧性和生命力去战胜经常驾临的孤独感。能和自己做朋友，这才是自由的胜利。这个朋友永远在你身边，无论你落魄还是发达，开心还是难过，他都在你身边，鞭策你，激励你，安慰你。

　　有人曾问斯多葛学派的创始人芝诺："谁是你的朋友？"他说："另一个自我。"

人生在世，不能没有朋友，但在所有朋友中，我们最不能忽略的是自己。

能不能和自己做朋友，关键在于有没有芝诺所说的"另一个自我"。这另一个自我，实际上就是一个更高的自我，同等重要的是你对这个自我的态度。

有些人不爱自己，常常自怨自叹，如同自己的仇人；有的人爱自己而缺乏理性，过分自恋，如同自己的情人。在这两种情况下，另一个自我都是缺席的。

成为自己的朋友，这是人生很高的成就。古罗马哲人塞涅卡说："这样的人一定是全人类的朋友。"法国作家蒙田说："这比攻城治国更了不起。"

和自己做朋友，就要真正爱自己。

法国版ELLE曾经做过一项调查："假如我们对你的恋人或丈夫做一次采访，那你最想从他们的嘴里知道些什么？"被调查者都不约而同地回答："他还爱我吗？"

他还爱我！这就是多数人想从恋人那里得到的答案，其中女性占多数。

而我们想问的问题却是："你还爱自己吗？"

也许你会说，谁不爱自己呢？是的，没有谁不爱自己，但是不是真正爱自己，会不会爱自己，却是一个问题。比如说，你每天为自己真正预留了多少专属自己的时光，没有动机，没有功利，没有交换，只是让自己充分自在地舒展开来，感受自己，感知自己。

在更多的时间里，你恐怕都在忙于应付各种需要：为家庭，为工作，为孩子……即使在一人独处不需要应酬谁时，你是不是也常会忘记要应酬自己，而依然在行为上或者脑子里惯性地应酬着这个或那个，或者自觉在鞭策自己，去充电，恶补情商或者管理经？

这些都不是真正爱自己的表现，都不能真正地滋养自己。爱自己，不是以物质贿赂自己——一掷千金并不见得是犒赏自己；不是拿成就激励自己——成功也不见得能喂饱你；当然更不是以别人的眼光或者标准苛求自己，别人都满意了，你却不一定能够满意。

爱自己就是对自己发自内心地欣赏和喜欢，因为这个世界上，你是独一无二的，你就是这个世界的唯一。

爱自己，并不是盲目自恋，而是能够认识到自己的缺点，坦然地接受自己的一切，不管是优点还是缺点。真心爱自己的人懂得快乐的秘密不在于获得更多，而是珍惜所拥有的一切。你会觉得自己是那样受上天的恩宠，是那样幸福地生活在这个世界。这是一份难得的乐观心境，更是快乐的起点。具有这样的心境的女人，无论是对生活、环境，还是对周围的亲人、朋友，都会自然流露出一股喜悦之情，感动自己，影响他人。

爱自己，和另一个自我做朋友，你才能真正远离孤独。

当然，这决不是推崇我们去垒一道墙，躲在里面，拒绝别人的关心与问候，而是要你学会和内心的另一个自我相处。这样，你就能成长为一棵独立的大树，而不是缠绕在别人身上依赖别人营养的藤蔓。大树的枝桠可以在空中恣意摇曳、伸展，没有固定的姿态，却自有一种从容，一种得心应手的自信。

　　身边多一些朋友，也许可以让你远离形单影只，却难以消除你内心的孤独感。就像金钱可以帮你打发空虚，却无力填充你的孤独。如果你懂得爱自己，善待自己，别人就容易看到你的魅力，会称赞你，你会从这些赞扬中得到更多的自信，从而活得越发光彩，永远保持对生活的热情，这是个良性循环。

第二章

和你在一起，才是全世界

1.陪伴是最长情的告白

忽然想起的，是身边那些死磕的姑娘，对错过念念不忘，竟生生忽视了相守的绵长悠远。曾经遇上过一个人，满满当当地填充了一段最好的时光，然后就孑然转身，徒留漫长的回忆，不给未来留一丝余地。她们说，如果不是那个人，那么是谁都没关系了，只可惜那个人却不是她们的良人。所以才感慨，自以为是的最深刻，迷恋的究竟是那个人，还是那种爱情本身。年少轻狂的盲目冲动消逝后，登场的是不是就应该是相知相守的细水长流。

"愿有人陪我颠沛流离。"她在QQ个性签名里写下了这样一句话。然后，随即有人发过来一条消息："如若现世安稳，谁愿颠沛流离，但是我却愿陪你颠沛流离"。

她和他是一个大学的同学，不在一个专业，他却注意到了她。记得第一次见到她的时候，用他的话来说，感觉她就像一个明星。话虽然肤浅，但之后说起这个感觉来，她总是羞羞地笑。

像所有的爱情故事一样，他们走到了一起，当他手捧玫瑰向她告白的时候，她答应了。

他们很相爱，他们想着什么时候结婚，也取好了未来孩子的名字。他不会做饭，但他亲手做了一顿饭给她吃。他每天晚上都会和她说晚安，他跟她说："等我说了520个晚安，我们就可以结婚了。"

都说爱一个人最深莫过于把自己活成他的样子，没有他在身边的时候，她以他的方式生活，不是刻意，而是已经习惯。

后来她毕业了，她比他大一届，现实让他们成了异地恋。其实，恋爱的人确实是应该经历一场异地恋的，不曾异地，就不知道彼此在自己心里占据了多么重要的位置。在多少个日日夜夜，他们互道晚安，一遍遍地说着"我爱你"，总是思念越深，爱就越浓烈。

再后来，他也毕业了，但她却由于各种原因失业了，因而消沉地待在家里，难过得要命。他找了份工作，他找工作的时候就只有一个条件，那就是离她家近。他在一个厂里工作，一个礼拜只休息一天，白班夜班地倒，很累，一天大约10小时的站立工作让他的脚涨紫又起泡。但他不在乎，平时只要有一点时间，他就会去找她，陪在她身边，默默给她打气加油，让她振作，为她找各种应聘的机会，陪她赴各种各样的面试。在一段感情里，必须要有一个人是积极向上的，那样才会在另一方消沉的时候，能够有所帮助，积极指引。

人生的低谷总会过去，在他的鼓励帮助下，她找到了一份工作，并且做得很好。她对他说："你是太阳，我就是彩虹，你不见的时候，我就不会出现。"

经过了那么多坎坷和难过，相爱的人最终都会有一个好的结局吧。在他说够了520个晚安的那一天，他们结婚了，晚安代表着我爱你。520个晚安，代表永永远远的爱情和陪伴。

"无论你开心还是难过，是否身居高位，我能做的就是好好去爱你，长伴你左右。"他在结婚典礼上对她说。

陪伴才是最长情的告白。

他是她的太阳。

她是他的彩虹。

你和一个人越亲密，就会越多地看到他的疲惫。

你爱上一个人，因为她脱俗的气质，因为他运筹帷幄的魄力。我们常常像崇拜明星一样钟情于一个人，那时候觉得Ta很有力量，似乎能拯救你，能带你进入想要的生活，这种最初的崇拜却往往会把我们带进阴沟里。请注意，无论对方是什么样的人，只要你成为Ta亲密的人，你会更多看到Ta不为人知、不善伪装的一面。

她工作的时候光鲜亮丽，但可能私下里非常邋遢、懒惰，常常疲倦得大脑短路；他看起来魅力十足，是社交强人，但可能回到家就疲惫得只会睡觉；他在圈子里是有名的攻坚人才，但在你的身边却十分软弱，事业上的一点失利都会令他心情烦躁，极易发脾气……如果你一直迷恋着Ta闪耀的部分，一旦发现他呈现给你的更多是疲惫，那你就注定会失望，而且是彻底的失望。

你若只爱Ta的精彩，那说明你还不够爱Ta。假若你也尊重Ta的疲惫，就像尊重自己一样，你就会获得长久的爱情，走入更精彩的人生，而非落入坟墓。

我们刚爱上一个人，那时的爱情并不是爱情的常态，而是爱情的初始亢奋状态。如果你认定爱情就一直是这样的，那你就看错爱的本质了。你每天都在变化，为什么爱情就不会变化？14~30岁是你的亢奋状态，30~70岁才是你的常态。其实比比时间就知道，哪个是你的常态，爱情也是一样。

很多放弃爱情的，对婚姻失望的，甚至离婚的，都是因为要求爱情一直亢奋，不接受它的常态。

2.你欠父母的，只是一份发自肺腑的真爱

天下为父母者，更愿意常常看到回家的儿女，而不是代替他们的一张张钞票。

在这世间，没有什么比亲情更可贵。漠视亲情、不体谅父母的年轻人或许并不多，但我们不希望你也成为他们中的一员。

动物王国的"快乐酒吧"里，一个年老的侍者猩猩问每晚必来喝上两杯的小象："孩子，你每晚都来泡吧，难道就没想过回家陪父母过一晚吗？"

"陪他们？"小象一甩鼻子说，"我还真没想过，再说也没有必要，它们在家有吃有喝的，用不着我担心啊！"

"虽然有吃有喝，我想它们肯定希望你能常回家看看。"

"我每个月都给它们足够多的钱，用不着经常回家。"

"可是，钱归钱，金钱能替代亲情吗？"

的确，金钱替代不了亲情！

常陪父母聊聊天，为他们亲自洗一次脚、捶一次背，这一切对于父母来说，比金钱更珍贵，更能让他们体验到快乐、幸福。

　　7月的城市总是被一阵又一阵的闷湿和燥热包裹着，可人们该干什么还是得干什么。

　　这时的老天总是很任性，火辣辣的烈日在一瞬间就失去了影踪，唆使着大雨滂沱来袭。哗啦啦，哗啦啦，搅得人们四处奔逃，乱了节拍。

　　瑞东骑着老旧的摩托车，慢慢行驶在大街上。他是一个快递员，还有几个邮件需要在天黑之前处理完，下班还早得很。

　　电话响了。

　　"瑞东，我马上去接孩子放学，你要注意安全哦！"妻子星瑶在电话那端叮嘱着，"妈和老朋友在碧溪公园聚会，好像没带雨伞，你要不要去接一接她？"

　　"好！"

　　拨了好几通电话，铃声响了又响，电话才接通了。

　　"喂，是瑞东吗？"

　　"妈，雨很大，我来接你回家！"瑞东缓缓地将车停在路边，"我现在正在碧溪公园的大门口，你可以马上出来吗？"

　　"唔！真的吗？"老太太显得很惊讶，也很欢喜，"会不会耽误你做事？雨好大啊，你不是要去接孩子吗？我没关系的，可以去搭公车。"

　　"不会的，你快出来吧！我就在那个绿色的邮筒边。"

　　"好啊，好啊！"

　　伴随着妈妈欢快的应答，瑞东听到妈身边的几个阿姨在赞叹着"你好福气"，"哎呀，你儿子可真懂事"，脸莫名其妙地红了。

其实，老太太并没有太多福气，是一个很劳累、操心的女人。

瑞东的爸妈收入很微薄，每月能拿回一份勉强维持生计的薪酬就算是谢天谢地了。因为要顾及一大家子，包括上面两个老人和下面两个孩子，瑞东的妈妈比一般女人更俭省。

从小到大，瑞东就没见过妈妈买护肤品，更别说香水了。妈妈一贯素面朝天，还说："我种着芦荟，摘一片取汁擦脸，不比人家的差，还没有副作用呢！"

可妈妈的样子，看起来真的比同学的妈要老很多，这让瑞东很难过。

读中学那年的母亲节，瑞东用攒了好久的零花钱买了一小瓶名牌香水，却被妈妈虎着脸责怪乱花钱，让他闷闷不乐了好一阵子。

但瑞东也知道，妈妈其实是喜欢那瓶香水的。每次要和爸出门，她都会很小心地用上一点。两年以后，妈妈把空空的瓶子放在桌上，像宝贝似的保存着。

也是因为没有钱，瑞东的妈妈着装打扮在她的伙伴中是最简单的。但她从来都不抱怨，她甚至从来不在家人面前提及谁的丈夫或者谁的儿子做了什么。妈说："别人是别人，我是我。别人再好，别人再差，我也没办法变得和她一样。随遇而安最好！"

就在瑞东认识了星瑶，却因为结婚需要不小的花费而愁苦时，瑞东的妈妈笑眯眯地拿出了一个打印得密密麻麻的存折，将她和爸爸辛辛苦苦积攒下来的那一点养老金取了出来。那一次的鼎力帮助，使得瑞东和星瑶每每想起来都会泪湿眼眶，无法言语。

瑞东是那么惭愧，为自己是一个低微的、费尽心力也赚不到很多钱、难以让两个老人体体面面度过晚年的穷儿子而自责不安。

好多个夜晚，瑞东都失眠，心中充满了焦虑。

但星瑶的一番话打动了瑞东："你好好地活着，健康平安，就是爸妈的心愿。"

星瑶生下儿子以后，变得更加温柔贤淑。"没有钱的子女，只要肯为父母多用一点心，一样可以让父母感觉幸福。"

瑞东喜欢星瑶的彻悟。

刚从思绪中走出来，瑞东就看到了妈妈。在几个穿戴时尚又被雨水淋得十分狼狈的阿姨中，妈妈像个朴素顽皮的小女生，猛地从旁边的屋檐下蹦了出来。她是那么兴奋，那脸上的笑很熟悉，很亲切。瑞东觉得，那就像是星瑶和自己恋爱时经常可以触摸到的娇羞和自豪，暖得人浑身上下充满能量。

"我先走了！"妈妈挥挥手，"儿子开的是摩托，没办法送你们回去，不好意思了！"妈妈的言谈中没有丝毫羞怯，全是藏不住的骄傲。

"再见！"

"再见！"

一路上，妈妈将瑞东的腰搂得很紧。瑞东的超大雨衣也将妈妈裹得很紧。

"谢谢你，儿子！"妈妈在后面喃喃细语，"下大雨的时候，赵阿姨给儿子打电话，儿子说他有重要的应酬，让她自己想办法回家；李阿姨也给儿子去了电话，儿子说他要先去接媳妇，让她等一等。只有你，是我没有打电话，主动来接我的。她们羡慕死我了！"

孝是建立在亲情的基础上的，没有亲情这个基础，孝无法得到实践，只有那些珍惜亲情的人，才会用一颗炽热的心去爱自己的家人。

当你懂得了父母的真心，你就需要重新审视和改变自己的价值观，这是要诀。经济时好时坏，这是常态，但对父母的心却不能时好时坏。因为你付出的是最美最神圣的"真""善""美"和"孝"，这是超过"海洋之星"或"南非之心"的顶级珍宝，无与伦比。子女对父母那种醇醇的爱，可以让简单平凡的生活变得更温馨幸福。

因此，请记住：你欠父母的，不是钱，不是物，更不是命，而是发自肺腑的真爱。

3.除了友谊，找不到第二朵不带刺的玫瑰

《庄子·山木篇》记载，春秋末年，孔子因为再次被逐出鲁国，被迫在宋、卫等国流浪，到处受到冷落，朋友们都渐渐与他疏远了。孔子在历经挫折之后，向隐者请教：是什么原因造成了这种窘境呢？

隐者告诉他：君子之交淡如水，小人之交甘如醴。人与人相交，以势利相合的人，在穷迫祸患之际，必然负心相弃；不计较势利，真正的朋友才能够长相处。

水是人们日常生活中不可或缺的东西，虽然它没有诱人的芳香，却常饮不厌。朋友之间的关系若达到最高境界，那就是一种极纯真的平淡关系，平平淡淡才是真。

北宋宰相司马光推荐刘元城到集贤院供职。有一天，司马光向刘元城说："你知道我为什么推荐你吗？"刘元城说："是因为我和先生往来已久罢！"原来，刘元城中了进士后，没有马上进入仕途，而是跟着司马光学习了一段时间。司马光说："不对。是因为我赋闲在家的时候，每到时令节日，你都会来信或者亲自来看我，问候不断。可是我当宰相以后，你却没有一封书信来问候我，这才是我推荐你的缘故。"

　　朋友之交，不是因为对方的财富地位，也不因为出众的容貌，而是一种心灵的接受，一种精神世界的相通，也许是一个机遇、一个时点的相识，也许很普通，平淡得让人觉得没什么不同。真正的朋友不是找机会就麻烦、打搅对方，而是静静地远距离注视着对方，当他需要时及时伸出援助的手。这就是"淡如水"的君子之交。

　　君子之交，源于互相宽容和理解。在这理解中，互相不苛求、不强迫、不嫉妒、不黏人，所以在常人看来，就像白水一样淡。

　　道理谁都懂，但有多少人能做到呢？你有没有更偏心身边那些不送礼、不吃请、不拉帮结伙、不阿谀奉承、只埋头工作的朋友、同事或下属呢？因为很少有人能意识到，只有这样的人才是发自内心地在支持你并且无所图。可惜，利益蒙住了双眼，人们往往就看不到平平淡淡的那份真情。

　　现在很难看到淡如水的君子之交了，现代人的寂寞病导致了另外一种并发症，姑且叫做"友情失控症"。现在很多人交朋友走极端，"我选择绝对或者零"，要么朝夕相处，要么横眉冷对，不是孤傲得不行，就是依赖得要命。朋友间不懂得控制和平衡，非冷即热，很难体会到温和清淡的境界。要知道，激情是不可能永远燃烧的，激情在瞬间爆发，就会在眨眼间消耗殆尽。可乐和咖啡固然比较刺激，但水却永远是世界上最隽永、最有品位的饮料。

　　《查令十字街84号》这本被全球人深深钟爱的书，记录了纽约女作家海莲和一家伦敦旧书店的书商弗兰克之间的书缘情缘。

海莲·汉芙，一个住在纽约旧公寓的穷作家，一个对书有着非比寻常的迷恋和挑剔眼光的读者，一个勇敢、率直、真诚的——如海莲自称的"小姐"，无意中看到了一则伦敦查令十字街84号的马克斯与科恩书店的广告，去信询问能否买到一些合意的书。书店经理弗兰克·德尔作了肯定的回复，并邮来两本书。他们两个一定未曾想到，这偶然的一念和平淡的开头，竟会是往后绵长岁月的引线，成就了一段久传不衰的佳话。

双方二十年间始终未曾谋面，相隔万里，深厚情意却能莫逆于心。无论是平淡生活中的讨书、买书、论书，还是书信中所蕴藏的难以言明的情感，都给人以强烈的温暖和信任。这本书既表现了海莲对书的激情之爱，也反映了她对弗兰克的精神之爱。海莲的执着、风趣、体贴、率真，跳跃于一封封书信的字里行间，使阅读成为一种愉悦而柔软的经历。来往的书信被海莲汇集成此书，被译成数十种文字流传。

纯粹的友情是自由的，今天萍水相逢，彼此尊重地欢聚，明天可以平淡地分手，甚至彼此忘记对方，也无不可。朋友之间，交往愈久，感情愈深。那带着爱的友情固然浪漫，可就因这"爱"字常常令人在情与理的矛盾中挣扎。因为"爱"开始便要求恒久，便开始不能容忍更多的对象，也就再也不能清清爽爽地聊天了。从此，我们陷入了深深的痛苦之中不能自拔。

君子之交淡如水，就像清风徐徐、明月朗朗，清远无暇。朋友间不应该互相依赖，而是独立开来可以各自精彩，碰到一起好上加好。相处的时候不缠绵，分离的时候不依恋，想起他来会淡淡地会心微笑，心甘情愿又不刻意地为他做点自己力所能及的事。

世间的友谊有很多类，每一种似乎都有它存在的道理。但是，"淡如水"的份量应当是最重的，而且，要放在心里最显著的那个位置。其余的友谊，也要拿出应有的真诚，但要有思想准备，如果有一天被哪位朋友伤了，不要过于伤心，想一想，你还有你的"淡如水"，无论你贫穷富贵，不管你平安与祸患，他都将是你一生的朋友。

4.我们曾错过了多少美好的亲子时光

没有哪个父母不爱自己的孩子，父母对孩子的爱是可以用生命去换的，谁也不能质疑父母的爱。孩子需要父母的爱，需要无微不至的关怀，还需要父母的陪伴。父母爱孩子，但有多少父母能真正做到时时陪在孩子们身边？

当孩子降临到这个世界来到我们身边，为了给他们尽可

能好的生活条件，我们每天奔波忙碌，早出晚归。等到某一
天，我们有时间抱孩子了，才发现他已经长大了，好像突然
间学会了叫爸爸、妈妈，还学会了表达自己的喜好……此
时，我们方才感叹，自己错过了多少珍贵的第一次，错过了
多少美好的亲子时光！

"早上上班走的时候，女儿还在睡觉；晚上下班回到家，
女儿已经睡了，我只能在床边偷偷地看她几眼，心情异常复
杂。"80后爸爸小赵如是说。

"宝宝，世上的母爱是相同的，但妈妈不能每时每刻在
你身边见证你的成长，因为妈妈是一位外交官……当祖国的
外交事业需要妈妈常驻一线的时候，妈妈不能说不，即使有
了你，即使你还那么小。"这是一位外交官妈妈写给一岁半
女儿的信。

"孩子已经11岁了，什么都懂，打电话时老问：'妈妈你
什么时候回来，是工作重要还是我们重要？你光赚钱不要我
们了吗？'"王学峰是北京一家事业单位的保洁员，今年是她
从老家张家口来京打工的第三个年头，离开儿子的400多个日
日夜夜，母子三人不知多少次在梦中相逢。

对很多人来说，陪伴孩子是一件无比奢侈的事情，有人
是为生计奔波，有人是为理想奋斗，还有其他的各种理由。

事实上，对孩子来说，父母的陪伴真的很重要。

有人曾用猕猴做过实验：把小猴从妈妈身边强行带离，在实验室里准备了一个有热奶的钢妈妈，一个没奶的绒布妈妈。按照"有奶便是娘"的推断，估计小猴会亲近钢妈妈。可事实并非如此，小猴不饿到迫不得已，都不会离开绒布妈妈，一吃完奶就赶紧找绒布妈妈。

这个细节，让我们看到婴幼儿内心本能的向往和恐惧，他们对温暖的依恋和需求甚至超越了食物。

在我国，目前"失陪"更多的是父亲，这对男孩最常见的影响是"父爱缺乏综合征"：害羞、情绪沮丧、自暴自弃、不求上进、少言寡语、不爱集体、厌恶交友、急躁冲动、喜怒无常、害怕失败、感情冷漠，严重的还可能逃课、早恋、离家出走、偷盗甚至喜好暴力。

一句话，孩子的成长离不开爹娘，缺失父爱母爱的孩子会有不安全感，负面情绪较多，积极情感偏少，甚至出现情绪困扰、人格障碍、行为问题。

那么，对孩子来说，父母的陪伴有哪些积极意义呢？

（1）能满足孩子的精神需求

孩子的成长既需要物质基础，也需要精神呵护，尤其是来自父母亲人的呵护。第二次世界大战后法国孤儿院的例子就很典型。当时，不论城市乡下，配给都公平等量，但若干年后发现，乡下孤儿死亡率远高于城市。原来在城市，经常有志愿者去抱或背孤儿，而在乡下，孩子本能的"肌肤饥渴"、精神呵护未被满足。

（2）有助于孩子适应社会

父母对子女来说是无可替代的，孩子能从亲子互动中获得安全感并形成良性情绪，建立信任、依恋、依赖、期待等积极情感，学会交往，形成社会适应能力，并发展智力。可现在，很多"80后"父母把孩子交由爷爷奶奶、姥姥姥爷甚至保姆带，自己当"甩手爹娘"，殊不知，这样却会因小失大。孩子容易形成种种心理问题，不利于他适应社会。

父亲在孩子的成长中主要起到三个作用：智慧的启迪、人格的塑造和做人的引导。研究发现，与父亲在一起时间越长，做的游戏越多，孩子有大智慧的可能性越高。有父亲陪伴的孩子人格往往更健康——脸上有笑容，抬头挺胸，精神振作，内心阳光，他们做事更果断，思维更活跃，抗挫折能力也较强，人际关系良好。父亲还在纪律教育、情感控制、做人监督等方面发挥更重要的作用，引领孩子形成良好品性。

母亲则主要有两个作用：习惯的养成和情商的培养。由于母亲喂奶，注定了与孩子有更多的接触机会，孩子通过观察模仿，会形成与妈妈极为相同的习惯，而好习惯是终身享之不尽的财富。母亲的疼爱能让孩子的依恋、信任、期待、希望越来越多，社会性越来越好，情商越来越高。

（3）帮助孩子社会角色模仿

父母与孩子生活在一起，孩子会有很多社会角色模仿：女孩模仿妈妈，男孩模仿爸爸。有父母的陪伴，有助于孩子性别意识的培养、社会角色的定位以及责任感的树立。

5.你可以没有学问，但不能不会做人

生活在21世纪，不管你是谁，都不能逃脱关系的影响力。关系的重要性，怎样强调都不过分。假如我们把人际关系比作大脑的神经网络，那么其中的每个人就是一个神经元：凸起的越多，与周边的联系就越多，也就比别人更加灵敏，从而更加容易走向成功。

好的领导者习惯于架构人际关系，他们知道人缘是个人成长、企业成事的重要条件与资源。人缘构架起人与人、群体与群体、企业与客户、企业与企业之间的互动。为了企业的发展，任何一个领导者都少不了"关系管理"。西方国家的企业管理者常常邀请其他企业的管理者加入自己的董事会，这样做不仅仅能够拓宽眼界，也能得到意想不到的助力。

在10分的工作里面，有9分是做人，1分是做事。认为在专业领域不需要关系的观点是错误的。就拿唱片业为例，最专业的要数制作人和词曲创作。除非你很知名，否则不可能会有人自动求上门，不善交际的你，难道真的奢望"酒香不怕巷子深"吗？越是专业的人往往越内向，所以他们需要找专门人士帮忙推销自己，比如说经纪人，否则，即使关门在家写了100首好歌，也不会有人听到。

　　小张在一家报社广告部工作，时常会接触到海尔、春兰、百事这样的大客户。他给他们搞创意或争取版面时很卖力，这些客户很满意，因而彼此间关系十分融洽。后来，小张出来单干时自然想到了这些过去的伙伴。春兰空调恰好在该市还没有专卖店，他就跟春兰空调销售部的负责人谈起了开专卖店的事。因为以前的交情，对方很给他面子，在众多竞争对手条件都差不多的情况下把独家销售权给了他。

　　曾经担任美国总统的罗斯福说："成功的第一要素是懂得如何搞好人际关系。"事实的确如此。在美国，曾有人向2000多位雇主做过这样一个问卷调查："请查阅贵公司最近解雇的3名员工的资料，然后回答：解雇的理由是什么？"结果，其中三分之二的雇主的答复都是：因为他们和同事搞不好关系。

　　很多成功的商人都深深地意识到了关系资源对其事业成功的重要性。曾任美国某大铁路公司总裁的A·H.史密斯说："铁路的95%是人，5%是铁。"美国钢铁大王及成功学大师卡耐基经过长期研究得出结论："专业知识在一个人成功中的作用只占30%，而其余的70%取决于人际关系。"

　　所以说，无论你从事何种职业，处理好了人缘，就等于在成功的路上走了70%的路程，在个人幸福的路上走了99%的路程。也难怪美国石油大王约翰·D.洛克菲勒会说："我愿意付出比得到任何其他本领更大的代价来获取与人相处的本领。"

因此，要成功，就一定要营造一个利于成功的人际关系，其中包括家庭关系和工作关系，同样，与同事、上司及雇员的关系也是会影响到我们事业成败的重要原因。一个没有良好人际关系的人，即使他再有知识，再有技能，也很难得到施展的空间。

星云大师在《谈处世》里这样说："你可以没有学问，但不能不会做人。人难做，做人难。在现今的社会，人要有表情、音声、笑容，才会有人情味。懂得感恩者，才会富贵。一点头、一微笑、主动助人，都是无限恩典。"我们面带笑容，看在对方眼中，那抹微笑是发光的；我们口出赞叹，听在对方心底，那句赞美是发光的；我们伸手扶持，受在对方身上，那温暖的一握是发光的；我们静心倾听，在对方的感觉里，那对耳朵是发光的。因为发心（佛教语，谓发愿求无止菩提之心，亦泛指许下向善的心愿），凡夫众生也可以有一个发光的人生。

6.发自内心地热爱你的工作

不知道从什么时候起，你发现自己出现了"自我分离"的状态。出现在众人面前的时候，你微笑着的表情、穿戴整齐的打扮，以及对待工作的一丝不苟，使大家觉得你是一个快乐且心态平和的人。而只有你自己知道，很多时候，你都是不快乐的。你心事重重，因为你觉得自己空虚；你百无聊赖，因为你觉得自己没钱；你天天做梦能住上豪华的房子，能中大奖……于是，你的工作成了鸡肋，食之无味！

畅快聊天的时候，大口喝酒的时候，大声唱歌的时候，看一本好书、一部好电影的时候，听一首好歌的时候……你都可以很快乐。你只是还没有调整好自己的心态，不懂得发现工作中的快乐。

相当多的职场人士将这种不快乐的心情互相影响，使大家都感到"累"。但大家都明白，最主要的"累"不是因为工作紧张与压力，而是"心"苦、"心"累——下属反叛，领导压制，同事之间钩心斗角。

其实，如果你仔细想想，以上情况是不是只有职场中才有呢？我们身边不是也经常有这样的事情发生吗？若你不置身于职场，就不会如此闹心了吗？因此，如果你将职场看作是一个快乐的天堂，你就会发现，职场里有很多美妙的快乐等着你分享！

做一名快乐的职场人，你首先需要积极参与到职场中来。要知道，胜败与否不重要，积极参与才是关键。

为了更愉快地生活，首先要愉快地面对办公室政治。对此，心理学家表示，只要办公室存在，你就无法逃避办公室政治。

亚里士多德在两三千年以前就与他人分享了自己的智慧——人生来就是政治的动物。很多刚走出校门的同学对职场政治很反感，其实大可不必如此。在办公室中，有"政治"存在是常态，没有才奇怪。如果你闭上眼睛漠视办公室政治的存在，就如同关上电视拒绝看台风来袭般不智，因为你迟早会被卷入其中，有所准备，才有存活的机会。

千万不要以为你周围的人每天都在想一些让你无法琢磨的诡计。在你们面临同样的工作，彼此之间有竞争的时候，钩心斗角是不可避免的，而你面临的挑战是找到一个方法，游刃有余地控制并且试着享受。

一位办公室政治专栏作家一针见血地说："办公室政治这场游戏，要是你不愿下场，那就不要抱怨升职无期、薪金原地踏步、人家对你视若无睹，甚至职位被裁掉。"因此，在办公室里，不要假清高，如果你不玩办公室游戏，就等于自动认输！你不玩，连期待输赢的权利都没有，生活不也同样没有乐趣了吗？

放下所有的不屑和无奈，享受办公室政治是在其中斡旋的最高明的想法。再或者，你可以这样想：办公室政治不过是多结交应交的朋友，少在同事间结怨。看别人钩心斗角就算是每天上演的免费电影，电影看多了，自己也有当些小配角娱乐他人的必要。也许有一天你被推上了主角的位置，只有电影看得多了，了然于胸，才能享受自己所扮演的角色。

对于工作，你可能没有办法选择，却可以选择改变自己的态度。比如，面对自己总是出问题的工作，你可以当成积累经验。要知道，不管是工作还是生活，每个人都会有一些惨淡的经历，这些经历足以让我们沮丧，感到这个世界简直糟糕透顶。但是，那些勇敢的人会用孟子的那段话来激励自己：天将降大任于斯人也……这么一想，那些经历又算什么呢？

　　和《鱼》的主人公玛丽·简比起来，我们简直是太幸运了。玛丽·简的丈夫因病去世，留下一大笔拖欠的医药费和两个年幼的孩子，更糟糕的是，她接手了一个"反应迟钝、争权夺利、贫乏消极"的团队。对于工作的环境，玛丽·简在日记中记录道："工作中发生的任何情况都不能使他们兴奋起来。我有30名员工，其中多数做事缓慢、工作不饱和、工资很低。他们中有些人好几年都是按同样的方法重复着节奏缓慢的工作，简直是无聊至极。当我在小工作间走动时，空气中所有的氧气都好像被抽走了，令人几乎不能呼吸……"

　　一次午餐时间，为了逃避"三楼"那令人窒息的气氛，玛丽·简离开了办公大楼。闲逛中，走进了派克街鱼市，这里充溢着的快乐情绪与充满活力的气氛深深地打动了玛丽·简。

　　一个叫罗尼尔的鱼贩子向她讲述了这里的曾经和现在，她才了解到派克街鱼市也曾经和其他市场一样，重复着简单的工作和百无聊赖的时光。但一次讨论改变了这一切，并使得派克街成为了世界著名的旅游胜地。

　　此后，在反复的接触中，玛丽·简从鱼市学到了几条重要的经验。其中一条就是选择自己的态度，内容是这样的——即使你无法选择工作本身,你可以选择采用什么方式工作,用玩的心情对待你的工作,快乐每一天;带着阳光、带着幽默、带着愉快的心情对待每一个人;把你的注意力集中在快乐的工作上,就会产生一连串积极的情感交流。

如果你还不服气,可以问问自己是不是有时会说这样的话:"我很讨厌这个上司""我觉得他很烦"……可是,你想过没有,这样的话很可能把你的职场生活搅乱。工作是你的,他跟你有什么相关?既然你那么讨厌他,为什么又因为他的存在而浪费掉自己积累经验的宝贵时机呢?

凡成大业者,必重"天时、地利、人和"三要素,没有良好的人际关系,在哪里都是无法生存的。能否愉快地工作,除了你对工作的兴趣外,很大程度上取决于职场人际关系的好坏。人际关系好的人,整天乐呵呵,人人都愿意为他效劳。因此,在职场上,不要用"合则来,不合则去"的随意态度来对待人际关系。

只要你放弃以自我为中心的想法,放弃对他人的猜测和种种抱怨,相信自己的看法,乐于并善于与他人沟通,就能赢得大家的喜欢和尊敬,这样才能真正快乐起来!

第三章

你所谓的稳定，不过是在浪费生命

1.吻着梦想过日子

每个人从小都会有一个梦想，无论大小。梦想可以说是年幼的时候，上天赐给我们每一个人的礼物。这份礼物每个人都有，却不是每个人都能让它开花结果。

马云第一次接触互联网是在西雅图，他登陆了一个搜索网站。他清楚地记得，他输入"Chinese"时搜索到的结果是"no data"（没有数据）。因为当时中国还没有接入互联网，所以在浩瀚无比的互联网世界里，偌大的中国竟无一席之地。

马云对互联网感到神奇的同时也十分沮丧，于是他就叫朋友做了一个他创办的海博翻译社的网页，并挂到网上。虽然网页十分简陋，只有一些简单的介绍和一个临时注册的邮箱，但到了晚上，他居然收到了5个人的回信。当时马云特别激动，尽管他并不懂网络，但嗅觉灵敏的他有一种直觉——互联网将改变世界！马云意识到这是一口很深的井，这里有一座金矿。

就是这样一个偶然的机会，马云与互联网擦出了火花。大多数人知道马云都是通过阿里巴巴，但准确来讲，马云最初并没有这样清晰的目标。从互联网到阿里巴巴，这中间也经历了一些曲折。

马云第一次接触网络后便萌生了一个想法：要做一个网站，把国内的企业资料收集起来放到网上向全世界发布。这个梦想促使马云开始下海创业，创办了"中国黄页"。

后来，马云离开"中国黄页"，受外经贸部邀请，加盟外经贸部新成立的公司——中国国际电子商务中心（EDI）。中心由马云组建、管理，马云占30%股份，参与开发了外经贸部的官方站点以及后来的网上中国商品交易市场。在这个过程中，马云的B2B思路渐渐成熟，"用电子商务为中小企业服务"的梦想也越来越清晰。

梦想使人生变得更有意义，把很多人从困境中解脱了出来。我们都要感谢人类的梦想者！

在人类历史中，如果把梦想者的事迹删去，谁还愿意去读那些枯燥乏味的历史呢？梦想者是人类的先锋，是前进的引路人。他们毕生劳碌，不辞艰辛，为人类开辟出了平坦的大道。今天的一切，不过是过去各个时代梦想的总和，是过去各个时代梦想的实现。

对世界最有贡献、最有价值的人，就是那些目光远大、有胆量与魄力的梦想者。他们用智慧和知识造福人类，把那些目光短浅、不思进取而又陷于迷信的人解救出来。有胆识的梦想者，还能把常人看来做不到的事情一一变为现实。

毛姆在小说《月亮和六便士》中描写了一个追梦人：主人翁查理斯是一个成功的证券经纪人，他有一个令人羡慕的家庭，妻子温和优雅，招人喜爱，还有两个健康活泼的孩子。查理斯的前半生一直过得平淡而温馨。

但直到有一天，对艺术的追求让它离开了这个他曾经熟悉的家庭与城市，他要画画。于是在人们的不解与谩骂声中离开了现实生活，进入了艺术之门。为了画画，他去了巴黎，过上了穷困潦倒的生活；为了画画，他甚至舍弃了文明生活，来到了南太平洋群岛的塔希提岛，与土著人一起生活。最终，他创作出了许多艺术杰作。

俞敏洪说："一个人要实现自己的梦想，最重要的是要具备以下两个条件：勇气和行动。"比尔·盖茨的梦想是在信息技术领域开创一片自己的天地。于是，他放弃了大学生活，专心于实现自己的梦想。最终，世界上出现了"微软"，比尔·盖茨收获了成功与满足。

人类所具有的种种力量中，最神奇的莫过于梦想的力量。如果我们相信明天会更好，就不会计较今天正经受的痛苦。有伟大梦想的人，即使前面有铜墙铁壁，也无法挡住他前进的脚步。

一个人如果有能力从烦恼、痛苦、困难中走出，到达愉快、舒适、甜蜜的境地，那他就拥有了真正的无价之宝。假如在生命中失去了梦想的能力，那谁还能以坚定的信念、充分的希望、超人的勇气去继续奋斗呢？

有梦想，才会有希望，才能激发出内在的潜能，让我们去努力，以求得光明的前途。

2.拥有适度的"野心"

初听起来，"野心"一词不好听，但你要知道，世上成大事者都是因为自己有一颗"想要当将军"的野心而最后如愿以偿的。争取好成绩的动机并非与生俱来，而是受教育、熏陶形成的。

巴拉昂曾是一位媒体大亨，以推销装饰肖像画起家。他只用了10年时间就使自己跻身于法国50大富翁之列。1998年，他因前列腺癌在法国博比尼医院去世。临终前，他留下了遗嘱，把价值4.6亿法郎的股份捐献给博比尼医院，用于前列腺癌的研究；另将100万法郎作为奖金，奖给揭开贫穷之谜的人。

其遗嘱刊出之后，媒体收到了大量的信件，有的骂巴拉昂疯了，有的说是媒体为提升发行量在炒作，但是多数人还是寄来了自己的答案。

很多人认为，穷人最缺少的是金钱，这个答案占了绝大多数。有了钱就不再是穷人了，这似乎是不需要动脑筋就能想出来的答案。也有一部分人认为，穷人最缺少的是帮助和关爱。人人都喜欢关注富人和明星，对穷人总是冷嘲热讽不重视。另一部分人认为，穷人最缺少的是技能。能迅速致富的都是有一技之长的人，一些人之所以是穷人，就是因为学无所长。还有的人认为，穷人最缺少的是机会。一些人之所以穷，就是因为时机不对，股票疯涨前没有买进，股票暴跌后没有抛出。总之，穷人都穷在没有好运气上。另外还有一些其他的答案，比如，穷人最缺少的是漂亮，是皮尔·卡丹的外套，是总统的职位，是沙托鲁城生产的铜夜壶等。答案五花八门。

那么，正确答案是什么呢？在巴拉昂逝世周年纪念日上，他生前的律师和代理人按巴拉昂生前的交代，在公证人员的监督下打开了那只保险箱，在48561封来信中，有一位叫蒂勒的小姑娘猜对了巴拉昂的问题。蒂勒和巴拉昂都认为穷人最缺少的是野心，即成为富人的野心。在颁奖之日，媒体带着所有人的好奇，问年仅9岁的蒂勒，为什么能想到是野心。蒂勒说："每次，我姐姐把她11岁的男朋友带回家时，总是警告我说不要有野心！不要有野心！我想，也许野心可以让人得到自己想得到的东西。"

巴拉昂的谜底和蒂勒的回答见报后，引起不小的震动，这种震动甚至扩展到了英国和美国。即使是一些好莱坞的新贵和其他行业几位年轻的富翁在就此话题接受电台的采访时，都毫不掩饰地承认：野心是永恒的特效药，是所有奇迹的萌发点。某些人之所以贫穷，大多是因为他们有一种无可救药的弱点，即缺乏野心。

如何拥有适度的野心呢？下面十条建议或许对你有所帮助。

（1）现实地设定能够获得成大事的理想，并尽量以得到显著成果为主。

（2）勿采用消耗过多能力的方法，否则只会得到"拼命三郎"的称号。

（3）通常成大事者会加速下一次的成果出现，但只有保持平常心才能保证不退步且维持好成绩。

（4）成为成大事者的同时，不要输给"胜利效应"，也就是不要在胜利的荣誉中沉溺太久。

（5）不要对成大事抱太大的期望，设定可能达成的实际理想。

（6）过大的野心会影响健康。理想定得太高，被不可能实现的强烈野心侵蚀，结果容易患肠胃溃疡等疾病。

（7）付出极大努力换来的成大事者并无妨，但不要持续为取得好成绩而给自己施加太大的压力。

（8）偶尔要找个时间放松一下，"跳出努力的圈圈"。唯有这么做才能把能力发挥到最高点，没有人能够永远将能力维持在高峰状态。

（9）没有强烈动机反能完成更多事，由此可知，野心应符合自己的个性，不必强求。

（10）当一个人对自己的现状不太满意时，他们往往会失去自信，但偶尔又会有更大的野心。因此，首先要检讨对自己的要求是否"合乎实际"，如果超过实际，必须立刻改进。

3.对麻木消沉的日子说不

停滞不前的生活像一潭死水，没有波澜，毫无生气。每一个平淡的日子都需要一股动力，像清泉一般，在死寂的水面上激起绚丽的涟漪。若想改变生活，就要随时为自己注入灵动鲜活的补给，激发起生命的斗志，让麻木消沉的日子离你远去。

曾经有一个国王和他的王后生了一个漂亮的儿子。在孩子举行洗礼仪式的那一天，有12位仙女前来祝贺，每个仙女都带来了礼物。高贵的出身、智慧、力量、英俊，所有世上美好的东西都堆在小孩子的面前，看起来他肯定会超过所有那些永垂不朽的人们。正在这时，第12位仙女拿出了她的礼物——不满。但那个愤怒的父亲拒绝了她的礼物。

随着岁月流逝，年轻的王子茁壮成长，简直就是完美的典范。在他的心中，没有因为不满而产生的那种渴望追求什么的迫切感。他性情温和，行动安静，时光一天天从他身边流逝，王子的心灵渐渐地枯萎了。终其一生，他一事无成。最终，国王才领悟到那被拒绝的礼物才是最珍贵的礼物。就这样，一个本来应该干一番轰轰烈烈事业的人变成了平庸之人。

很多伟人都是由于在常规生活中感觉不满，认为自己有从事其他事业更大的天资，才放弃原先受过专门训练的职业的。

伏尔泰就是因为发现法律学习枯燥无味，不可忍受，才转而从事文学工作的；大文豪鲁迅先生原本是学医的，后来觉得文学创作更能拯救中华民族的灵魂，既而投身到拯救人们的精神世界中，成为了一代文学泰斗；著名诗歌作者穆力耳在专门写剧本之前曾经花了5年的时间学习律师；古德也是放弃了法律，改为钻研戏剧。

　　有一位心理学家曾经说过一句很耐人寻味的话：我们所从事的往往不是我们所擅长的。当然，这其中有很多无法改变的客观原因。在大部分情况下，伟人们也和常人一样，在父母的安排下迈进生活的常轨，但他们很快发现自己就像是被挤在四方形洞窟里的圆球，对现状不满，处境窘迫，无用武之地，满心焦虑。

　　在某次战斗胜利后，有人问成吉思汗，是否等到机会来临后，再去进攻另一个城市。成吉思汗听了这话，竟大发雷霆，他说："机会，机会是靠我们自己创造出来的。" "创造机会"便是成吉思汗能够名垂史册的原因。

　　美国康奈尔大学的生物学教授做了一个著名的实验，叫煮青蛙。

　　他先把一只青蛙丢进煮沸的水中，由于求生的本能，青蛙在落水后即用尽全身力气跳出了水锅，安全逃生。

　　30分钟后，教授又使用一个同样大小的铁锅，不同的是，这次在锅里先放满了冷水，然后再把那只曾经死里逃生的青蛙放进去。这只青蛙在锅里并没有像第一次那样跳出来，而是欢快地表演着它的游泳技巧。接着，教授不断地将水加热，这只青蛙根本没有意识到大祸即将临头，依然在水中自由自在地游来游去。当它感到情形不对时，为时已晚，它欲跃乏力，全身瘫软，只好呆呆地躺在水里，最后终于翻起了白肚皮。

可见，安于现状是非常可怕的，缺乏危机意识，等于是对自己的生命不负责任。不管你扮演什么角色，不管你现在多么成功，也不管你现在所处的环境多么舒适，都必须主动改变自己，以应对环境的变化。

如果安于现状，孔子也许只能是鲁国一个管理钱库财粮的小官，而不会成为一个受万人推崇的"圣人"；如果安于现状，司马相如也许只是一个酒店老板，不会因"洛阳纸贵"名噪一时；如果安于现状，毛泽东也许就只是北京大学的图书管理员，而不会引导中国革命走向胜利。

机会对每个人都是公平的，之所以有平庸的人，是因为他们满足于现在的生活，同时机会降临时他们也不去把握，好位置就只能让他人捷足先登，他们不想去竞争，优势最终会被劣势所取代。而那些成功的人绝不会找这样的借口，他们不等待机会，不安于现状，也不向亲友们哀求，而是靠自己的苦干努力创造机会。因为他们深知，唯有自己才能给自己创造机会。

我们总是对安稳的生活恋恋不舍，周而复始地等待着生命的终老……当心灵因疲惫而停下来时，生命也就会随之停下；当前进的脚步慢慢停止时，生命的机能也会跟着不断萎缩。一旦环境改变，危险袭来，我们就会因为不适应而变得惶惶不可终日。世界是变幻莫测的，我们即便不能与它保持并肩同行，也要及时跟上它的脚步。时刻给自己一股动力，一剂活水，让自己保持充足的活力与高昂的热情，相信无论未来怎样，我们都能坦然地面对。

4.做点有意义的事情给自己看

文学泰斗钱钟书大家都知道，很厉害的一代名家。一个成功男人的背后都有一个伟大的女人，钱钟书也不例外。"一个人如果碌碌无为，只为自己渺小的生存而虚度一生，那么，即使他高寿活到一百岁，又有什么价值和意义呢？"这句话就是钱钟书的爱人杨绛所言。很朴实的一句话，却让人醍醐灌顶。

生来不易，为什么不做点有意义的事情呢？

有位孤独者倚靠着一棵树晒太阳。他衣衫褴褛，神情萎靡，不时有气无力地打着哈欠。一位智者从此经过，好奇地问道："年轻人，如此好的阳光，如此难得的季节，你不去做你该做的事，而是懒懒散散地晒太阳，岂不辜负了大好时光？"

"唉！"孤独者叹了一口气说，"在这个世界上，除了我自己的躯壳外，我一无所有。我又何必去费心费力地做什么事呢？每天晒晒我的躯壳，就是我需要做的事了。"

"你没有家？"

"没有。与其承担家庭的负累，不如干脆没有。"孤独者说。

"你没有你的所爱？"

"没有，与其爱过之后便是恨，不如干脆不去爱。"

"你没有朋友？"

"没有。与其得到后再失去，不如干脆没有朋友。"

"你不想去赚钱？"

"不想。千金得来还复去，何必劳心费神动躯体？"

"噢。"智者若有所思，"看来我得赶快帮你找根绳子。"

"找绳子？干吗？"孤独者好奇地问。

"帮你自缢！"

"自缢？你叫我死？"孤独者惊诧了。

"对。人有生就有死，与其生了还会死去，不如干脆就不出生。你的存在，本身就是多余的，自缢而死，不是正合你的逻辑吗？"

孤独者无言以对。

"兰生幽谷，不为无人佩戴而不芬芳；月挂中天，不因暂满还缺而不自圆；桃李灼灼，不因秋节将至而不开花；江水奔腾，不以一去不返而拒东流。更何况是人呢？"智者说完，拂袖而去。

如何面对命运可以区分出三种人。

低境界状态之下的人往往是宿命论观点的持有者。在命运面前，他们无力抗争，也没有想过抗争，日子在浑浑噩噩中流失。多少年前，他们是下层人，多少年后，他们仍然是下层人。到世间的这一遭，他们也只是和其他生物一样，匆匆而来匆匆而去。生命对他们而言只是日复一日的累积，平淡的重复，这样的日子不会升华。

另一种人对命运有过抗争，但最终还是选择了沉默。他们在一定程度上摆脱了原来环境的束缚，实现了一定转变，但有一定的惰性，当环境得到改变后，安于现状的心态就会表现出来，做事开始束手束脚，止步不前。

而在高标境界生存状态之下的人对改变现状从来没有犹豫过。不管处于困境或是处于顺境，他们总知道要自己掌握自己的命运，有所作为。"生命诚可贵，爱情价更高。若为自由故，两者皆可抛。"为什么世人对自由的评价如此高？因为"只有呼吸着自由的空气，才能享受真正的生命"。只有掌握自己的命运，摆脱他人的掌控，成为自己的主人，生命中拥有的一切才能属于自己。

相信命运的人的第一个特征是消极退避，因循守旧，他们不争取、不反抗，任命运蹂躏，犹如待宰的羔羊。

相信命运的人还有一个表现是囿于地位，因为囿于地位而无法向前迈进。他们倒不见得认为自己的地位将一成不变，但他们总觉得现在的地位是上天的安排，所以不可逾越。

有一次，一个士兵从前线返回，将战讯呈递给拿破仑。因为路程赶得太急促，他的坐骑还没有到达拿破仑的总部就倒地累死了。拿破仑立刻下了一道手谕，交给这位士兵，叫他骑上自己的坐骑火速赶回前线。

这位士兵瞧着那匹魁伟的坐骑，还有上面所配的华贵马鞍，禁不住战战兢兢地脱口而出："不，将军，我只是一个平常的士兵，我受用不起！"

拿破仑回答他："对于一个法国的兵士，没有一件东西是不能受用的！"

世上有许多人，他们以为别人所有的种种幸福是不属于他们的，以为他们不配拥有，以为他们不能与那些命运殊佳的人相提并论。然而他们不明白，这样的自卑自抑、自我抹杀非但不会改善自己的状况，还会使它变得更糟糕。这种心理导致他们的人生毫无起色，他们一辈子都只能生活在最底层。

思想境界不同，理想抱负不同，人生就会不同。每个人都拥有充分的自主权，你可以为自己设计达到目标的路线。如果你放弃自我实现的梦想，只是被动地承受接踵而来的一切，你就无法体会到想要有所作为的力量及它所带来的收获。一旦你尝试着去把握自己的人生，你就能感受到这种力量的存在。如果你觉得自己心中的仓库很大，你应该去寻找这个大仓库，而不应与厕鼠为伍。长风破浪会有时，直挂云帆济沧海！

5.什么事能够让你赴汤蹈火在所不惜？

激情能创造出财富，也能创造出奇迹，可以说，激情是奇迹之母。美国成功学大师卡耐基称激情为"内心的神"，认为"一个人成功的因素很多，而首要的因素就是激情。没有激情，无论你有什么能力，都发挥不出来"。大凡能创造出奇迹的人，不一定有什么特异功能，但一定有一股激情。

沸腾的开水，每一个水分子似乎都在争相跳跃，不断向上，人的心态也应该如此，每一滴血都应该沸腾起来。湖水如果永远平静没有波澜，那就成了一潭死水；人生如果永远不能沸腾起来，那么人也如同死去一般，生与死都已经没有分别。

有一部电影《沸腾的生活》，讲述了一个罗马尼亚人自力更生造船的故事。罗马尼亚自行制造了5.5万吨矿砂船，试船时因螺旋桨叶片破裂而失败。造船厂厂长科曼决定发扬自力更生的精神，凭着自信和一腔热血，依靠工人和技术人员重新铸造。但这项决定并没有得到上级的支持，上级认为他们没有实力，不会成功。而面对重重困难，科曼没有放弃，而是怀着莫大信心，坚韧不拔，最后终于铸出了大型螺旋桨，试航也大获成功。

事实上，那种抛头颅、洒热血的激情人士，中国自古就有。

公元前209年，秦政府征发闾左戍卒900人往渔阳（今北京密云）戍边。由于天下大雨，这支队伍阻留在蕲县大泽乡，不能如期赶到渔阳。秦法"失期当斩"，900戍卒将无一能生。就在这时，陈胜高喊出了一句话："王侯将相，宁有种乎？"陈胜、吴广率领戍卒，杀死押送他们的将尉，"斩木为兵，揭竿为旗"，点燃了中国历史上第一次农民大起义的熊熊烈火。

有谁还记得祖先的激情演说？虽然我们现在的社会没有阶级差别，没有森严的等级制度，人人平等独立，可我们却越来越胆小，越来越不喜欢强调自己和别人的差别，越来越否定自己的独立性和创造性，而把成功和富裕的原因都归结于外部条件。

从常熟师范到北大，从大学教师到中国最富有的教师，从新东方到计划创建中国最高质量的私立大学，这是俞敏洪到目前为止的人生经历。

作为中国第一家在纽约证券交易所上市的教育机构，新东方催生了近10名身价过亿元的教师。可是俞敏洪也曾是一个被人遗忘的学生，那时，因为在大学三年级患肺结核病休一年，俞敏洪从北大的1980届转到了1981届，结果1980届和1981届的同学几乎都把他忘了。当时有同学从国外回来，1980届的拜访1980届的同学，1981届的拜访1981届的同学，但竟然没有人来看俞敏洪，因为两届的同学都认为他不是他们的同学。那时候俞敏洪非常痛苦、非常心酸。

也许就是这种来自同学的忽略和不重视，点燃了俞敏洪心中的沸腾之火。他忽然明白：自己没有一腔热血，不沸腾起来，不努力做到最好，谁会记得你呢？你的人生就像是死水一样不泛起波澜，别人怎么会注意到你呢？要想让别人看得起，就得先让自己沸腾起来，投入到生活中。

明白了这个道理之后，俞敏洪就再也不责怪那些同学了。现在，1980届和1981届两届的同学都认为俞敏洪是他们优秀的同学。

问问你自己：什么事能够让你赴汤蹈火在所不惜？你是否曾经为了实现梦想而努力拼搏？你要找到激情，找到愿意为目标而疯狂努力的动力。如果缺乏这个催化剂，一段时间过后，你又会回到原点。

你要让心情平静下来，到一个安静的环境里，然后试着描绘想拥有的梦想、想去做的事与想成为的人的影像，反复练习，直到影像清晰，再次找回激情的力量。

6.每一朵野百合都有春天

在梦想的照耀下，寂静的山谷里会有野百合花盛开，平凡的人也会绽放出别样的光彩。在没有人为自己欢呼的时候，自己要懂得给自己加油；在没有人理解的时候，自己要做到坚持不放弃。

人活一口气，这口"气"其实就是支撑人们不断走下去的梦想。财富、健康甚至自由都可以被剥夺，唯有梦想永远无法被剥夺。

任何人都能拥有自己的梦想，都有为自己的梦想付出努力的权利。农夫梦想着自己家的母鸡一天下两个蛋，国王则梦想着让周围的国家臣服。虽然梦想不同，但有梦想的人都是可敬的，因为那是完全属于自己的财富。

在实现梦想的过程中，可能周围的一切并不会十分如意，可能会面临着意想不到的挫折和困难。在困难和挫折面前，人不是按照背景和地位区分的，而是按照坚持还是放弃来区分的。

被现实打弯了腰不可怕，可怕的是那根支撑自己的脊梁已经折断。只有屡败屡战，斗志才会一次比一次更强大；愈战愈勇，信心就会一次比一次更坚定。

清朝名臣曾国藩组建湘军出战太平军。然而这支新军大

多是其家乡的练勇，招募的士兵多为质朴的农民，以当地儒生为军官，未曾受过正规的军事训练，故而两军初战时，湘军在岳州、靖港连战连败。

曾国藩感到非常痛苦，几次试图投水自杀未果。

痛定思痛后，曾国藩决定重整旗鼓，企图与太平军展开最后的决战，后攻占武昌重镇，奉诏任湖北巡抚。其后，曾国藩率水师进攻九江、湖口。太平军翼王石达开率兵来救，诱使湘军水师的轻便快船先进入鄱阳湖，再一举封锁湖口，使仍在长江中的湘军的笨重大船成为难以移动的活靶子，再用火攻。这次战役使得湘军水师的数十艘大船被毁，曾国藩率残部狼狈退至九江以西，其座船也被太平军俘获。

其间，曾国藩因指挥湘军与敌交战无功，原本在给朝廷的奏章中用了"屡战屡败"之语，但最后远在京都的皇帝与重臣们读到的却是"屡败屡战"，满篇陈奏虽悲壮却精神振奋，气度朗朗朝日。原来，是曾国藩的部下李元度见到最初的折子，建议改为"屡败屡战"，字无不同，但顺序如此一倒，则满篇精神大变，境界也就大不一样。果然，朝廷读完呈上来的奏章，只觉曾国藩及其率领的湘军精神可嘉，不觉其屡屡失败有罪。

更重要的是，正因为具有百折不挠的精神，屡败屡战，总结教训，才使湘军不断走出逆境，不断积小胜为大胜。曾国藩终率领湘军，会同左宗棠、李鸿章等指挥的部队，逐渐实现了对太平天国"天京"的战略包围，并在清同治三年（1864）六月，攻破了天京，取得了最终胜利。

从"屡战屡败"到"屡败屡战"，从字面上看只是顺序的不同，实质上却有着天壤之别。"屡战屡败"突出的是一个"败"字，说明战者无能，次次战败，会让人产生对其能力的极大怀疑；而"屡败屡战"突出的是一个"战"字，说明战者勇猛，次次战败，但却次次卷土重来，不肯认输。

梦想不需要成本，但追梦需要，这种本钱并不是你先天具有的，而是你拼搏所得。一个人若是什么都不肯付出，即便梦想再小，也绝无实现的可能；反过来说，若是向着目标不断努力，即便开始时一无所有，最终也一定能守得云开见月明。

纵观古今，那些能够梦想成真的人，无一不是在实现梦想的道路上走得十分艰难，但他们最终都挺下来了。记住，在挫折与困难面前，不要忘记最初的理想，更不要忘记自己最初的样子，本就一无所有，失去也没什么可惜，但拼搏总比放弃得到的多一些。

电影《光荣之路》讲述的是一名篮球教练哈金斯到一支成绩很差的球队执教的故事。哈金斯是一个具有坚强意志的人，他决心在全国大学体育协会里面闯出名堂，而且他的思想非常开明，并不以肤色区分天才，在他的篮球队里，需要的只是胜利。

在这一思想的指导下，哈金斯从校园中招收了一群非常有篮球天分的黑人学生作为自己球队的核心，开始了他艰苦的光荣之路。最初，这些球员不知道职业篮球和街头篮球的区别，而哈金斯总是不断地用梦想激励着他们不断前行。

在经过一段时间的系统训练以后，教练哈金斯坚定的信心感染了球队里的每一个人，这支混合了黑人先发的球队一路披荆斩棘，最终闯进了决赛，最后在马里兰大学击败了白人先发的肯塔基队，获得了总冠军。这场比赛成为了美国体育史上最重要的几个事件之一，它不仅捍卫了黑人的尊严，更具有划时代的意义，因为它使得美国大学篮球正式进入到了"黑白共存"的时代。

这并不是一个虚构的故事，而是美国篮球史上的真实事件。这一事件从某种程度上可以说是重新定义了篮球这项运动。当然，推动这一切的就是梦想的力量。因为有梦想，教练才愿意接手一支上赛季只取得寥寥数场胜利的球队；也正是因为有梦想，在街头打球的黑人才愿意承受大量的训练和众人的白眼；还是因为有梦想，最终在决赛中，球队的白人运动员选择了服从教练的指挥……

过后去看这些人的故事，你会觉得结局是注定好的，但在故事发生的时候，谁也不敢保证最终的结果是什么。哈金斯并没有百分百的把握能够获得成功，更何况，他向着一个极高的目标发起了挑战。但是他坚持下来了，他知道东西有贵贱之分，但梦想没有，任何小人物都有成为大人物的可能，只要他肯为梦想付出努力。

Part 2

断 舍 离
——定期修剪多余的欲望

● ● ● ● ● ●

第四章

你争得了什么，能大得过这世界吗？

1.什么事让你"团团转"？

有句话是这么说的："石火光中争长竞短，几何光阴？蜗牛角上较雌论雄，许大世界？"意思就是，人生的短暂如同铁击石所发出的火光一样，为名利不是在浪费时间吗？相对宇宙而言，人类的生存空间跟蜗牛角一样，就算你争得了什么，能大得过世界吗？

古有"画地为牢"，以示惩戒，然而今每每画地为牢，困锁的不是别人，而是自己。人们总是喜欢将自己的内心死

74

死地囚禁，为金钱，为权势，为爱情，不断让欲求的枷锁捆绑自己，在不知不觉间将自己快乐的权利尽数消磨。

佛曰：放下！放下才能快乐和自在，但这又谈何容易？世上的人有了功名，就对功名放不下；有了金钱，就对金钱放不下；有了爱情，就对爱情放不下；有了事业，就对事业放不下。名缰利锁缠绕着我们的身心，使我们陷入世俗红尘的泥淖中不能自拔。

有个后生从家出发前往一座禅院。在路上，他遇到了一件有趣的事，他想以此去考禅院里的老禅者。来到禅院后，后生与老禅者一边品茶，一边闲谈，冷不防他问了句："什么事团团转？"

"皆因绳未断。"老禅者随口答道。

后生听到老禅者这样回答，顿时目瞪口呆。老禅者见状，问："什么使你这样惊讶啊？"

"不，老师父，我惊讶的是，你怎么知道的呢？"后生说，"我今天在来的路上，看到一头牛被绳子穿了鼻子，栓在树上。这头牛想离开这棵树，到草地上去吃草，谁知它转过来转过去都不得脱身。我以为师父没看见，肯定答不出来，哪知师父一下就答对了。"

老禅者微笑着说："你问我的是事，我答的是理，你问的是牛被绳缚而不得解脱，我答的是心被俗务纠缠而不得超脱，一理通百事啊！"

想想我们自己，其实也被一根无形的绳子牵着，像老牛一样围着树干团团转，总解脱不了。我们的处境又能比老牛好到哪儿去呢？

齐庄公的时候，有个勇士名叫宾卑聚。一天夜里，他梦见了一个壮士，这名壮士身材魁梧，头戴白色绢帽，帽上坠着红色的丝穗，外穿耀眼的红色麻布盛装，内穿棉布做的衣服，脚穿一双崭新的白色缎鞋，身上挂着一个黑色的剑囊。这个威武的大汉走到宾卑聚面前，大声地呵斥他，还朝他脸上吐唾沫。

宾卑聚被这个突如其来的凶狠汉子惊醒了，这才发现原来是个梦。尽管如此，他依然一夜没睡，心中非常气愤。

第二天天一亮，宾卑聚就把他的朋友们都请来，向他们讲述了前一天晚上做的梦。然后他对朋友们说："我自幼崇尚勇敢，几十年来从没受过任何欺凌侮辱。可是昨天夜里，我在梦中受到如此侮辱，心里实在咽不下这口气。我一定要找到那个敢于在梦中骂我，并向我吐唾沫的人。假若在三天之内找到他，我就要报这个仇；如果三天之内找不到他，我就没脸面活在世上了。"

于是，每天一早，宾卑聚就带着他的朋友们一起站在行人过往频繁的交通要道上，寻找着跟梦中打扮、长相一样的人。可是，三天过去了，他们始终没有看到一个如梦中一般打扮的壮士。宾卑聚气馁地回到家中，长长地叹了一口气，然后拔剑自刎了。

仅凭梦中的一点不快便耿耿于怀，甚至含恨自尽、自暴自弃，这是十分愚昧的。

古人常说："智勇多困于所溺。"梦就像镜中花、水中月，都是虚无缥缈的东西。人如果沉浸在其中而不加以控制，只会越陷越深，无法自拔，最终害了自己。所以，我们需要把握好眼下的、看得见、摸得着、实实在在的事物，淡定面对一切。

现实世界并非尽如人意，所以，理想让现实变得丰满。但理想不是空想，要身体力行，去追求，去实现。因此，人们需要在理想与现实中，一边追求，一边实践。但是，在此过程中，人们往往会被名利阻扰。这时，我们要懂得敬畏和洒脱，虽然生活在现实的社会，但要保持内心的清醒。

一些不着实际的名声，对我们来说是种负担，带给我们的是沉重、捆绑、压抑，而不是轻松。它会让人忘记初衷，失去自我，与他人格格不入，更甚者，因为贪慕虚荣而断送自己的前程，与心中的理想渐行渐远。所以，我们不应该被"名利"所累，那些莫须有的名声不应该出现在我们的字典里。无论什么时候，我们都要保持清醒，告诉自己真正想要的是什么。

2.金钱是桥梁，你能一辈子栖居在桥上吗？

"财富"和"幸福"不是等同的，如果一个渴望幸福的人把追逐的对象放在了财富上，即使他追到了自己生命的尽头，他也无法看到幸福是什么样。

"拥有金钱，并不等于拥有幸福；而要想拥有幸福，却必须拥有金钱。""金钱并不能买来一切，比如再多的金钱也未必能买来知识、健康、快乐、爱情、幸福。"无论正反对错，诸如此类的言论无不在表明同一个问题：金钱与幸福之间存在着密切关系。

财富与幸福是两个完全不同的概念。然而，在经济飞速发展的当代社会，有相当一部分人给二者划上了等号。那么，金钱究竟在幸福参数中占有什么样的位置？是不是有金钱就会有幸福呢？这一直是人们争论不休的话题。

在财富与幸福关系的数据分析中发现："衣食足"的人群中，财富的多寡与主观幸福体验没有多大关系。或者说，在达到舒适温饱之后，财富的增加所带来的幸福感会越来越弱。正如一个研究者所形容的，开奔驰上班的人并不一定比坐公车上班的人幸福很多。可见，财富和幸福感是不成比例的。财富虽然是人人向往的东西，但未必意味着绝对的幸福。

也许人人都想过这样一个问题：挣钱是为了什么？这似

乎是一个再简单不过的问题，所有人肯定会毫不犹豫地脱口答出："为了改善自己的生存条件，为了生活得更好、更幸福。"俗话说有钱能使鬼推磨，但有钱真的就能幸福吗？

有位国王，天下尽在手中。照理，他应该很满足，但事实并非如此。

国王自己也纳闷，为什么对自己的生活还不满意，尽管他也有意识地参加一些有意思的晚宴和聚会，但都无济于事，总觉得缺点什么。

一天，国王起了个大早，遂决定在王宫中四处转转。当国王走到御膳房时，他听到有人在快乐地哼着小曲，循着声音，国王看到是一个厨子在唱，脸上洋溢着幸福的表情。

国王甚是奇怪，便把这个厨子召来问话。国王问他为什么如此快乐？厨子答道："陛下，我虽然只不过是个厨子，但我一直尽我所能让我的妻小快乐，我们所需不多，有间草屋，不缺暖食，便够了。我的妻子和孩子是我的精神支柱，而我带回家哪怕一件小东西都能让他们满足。我之所以天天如此快乐，是因为我的家人天天都快乐。"

听到这里，国王明白了。随后，国王与朝中的宰相讨论这个厨子的快乐，宰相说："陛下，我认为这个厨子还没有成为'99一族'。"

国王惊讶地问道："何谓'99一族'？"

宰相答道："你只要做一件事情，就可以确切地明白什么是'99一族'了。准备一个包袱，在里面放进99枚金币，然后把这个包袱放在那个厨子的家门口，您很快就会明白一切。"

国王按照宰相所言，命人将一个装有99枚金币的包袱放在那个快乐的厨子家门口。

厨子回家的时候，发现了门前的包袱，好奇地把包袱打开，先是惊诧，然后狂喜：金币！怎么会有这么多金币？厨子将包袱里的金币全部倒出来，开始查点金币，99枚？厨子认为不应该是这个数，于是他数了一遍又一遍，的确是99枚。他心中纳闷：没理由只有这99枚啊？哪有人会只装99枚啊？那一枚掉到哪里去了呢？于是，他开始到处寻找，找遍了整个院子也没有找到，心情沮丧到了极点。

为了凑足100枚金币，他决定从明天起加倍努力工作，争取早日挣回那一枚金币。晚上，由于找那枚金币太辛苦，第二天早上便起来得有点晚，情绪也坏到了极点，对妻子与孩子大吼大叫，不停地责骂他们没有及时把他叫醒，影响了他早日挣回那一枚金币的目标。

从那以后，厨子每天匆匆忙忙地来到御膳房，为了多挣钱，他再也不像以前那么兴高采烈地哼小曲、吹口哨了，平时只知埋头拼命干活，一点儿也没有注意到国王正在悄悄地观察他。

国王看到原本快乐的厨子心情变得如此沮丧，十分不解，就问宰相："他已经得到那么多金币，应该比以前更快乐才对，可为何会变成现在这样呢？"

宰相答道："陛下，这个厨子现在已经正式加入'99

一族'了。他们拥有很多，但从来不会满足，只知拼命工作，为了额外的那个'1'，为了尽早实现'100'。原本快乐、轻松的生活，只因为忽然出现了凑足100的可能性，就变得不快乐了。一切都被打破了，他竭力去追求那个并无实质意义的'1'，不惜付出失去快乐的代价，这就是'99一族'。"

美国宾夕法尼亚大学的格伦·法尔博和哈佛大学的劳拉·塔赫曾做过一项调查研究。他们选取了两万名美国公民，从20岁到64岁不等，从年龄、家庭收入、健康状况、文化水平、种族和婚姻状况等众多因素入手进行了研究。最终他们发现，主宰人们幸福的最主要因素是健康，其次才是金钱与家庭状况。

心理专家研究发现：在影响人们幸福的因素中，金钱只起到1/5的作用，在构成美好生活的成分中，它所起的作用则是1/6。伊利诺伊大学心理学家的一项研究显示：中大奖的人在他们交好运一年以后，会变得比以前更加不快乐。还有许多对中奖者的调查表明：突然间得到大量的金钱并不会使人幸福。当过了中大奖带来的新鲜期，他们反而会陷入不安之中，而且，他们的生活也会遭到一定程度的破坏，比如与朋友之间产生隔阂，与家人吵架，对奢侈的生活不适应等。因此，并不是只有富翁才有资格获得幸福快乐的生活，因为快乐感和满足感取决于相对的富有，来自于对比中的优越。也就是说，你只要比周围的邻居们更富有一点，你就能够感到幸福。

巴尔扎克说过："黄金的枷锁是最重的。"现实生活就是这样，在我们忙着淘金的同时，似乎逐渐忘记了那曾在"岸边"的初衷，在不断创造物质财富的同时，逐渐迷失了自我，变得机械和麻木，再也没有了清贫时的单纯和真诚，多了几分城府和狡诈。在财富与压力指数成正比的今天，富人追求目标的同时，也放弃了常人唾手可得的普通幸福，超过限度的金钱反而会成为烦恼的代名词。

是的，有舍有得，在你获得财富的同时，注定会失去一些东西。一些过分追求物质财富的人，往往富了口袋，穷了脑袋，貌似快乐，实则空虚。所以，对于财富，我们的态度决定了生活的质量。在获得一定的财富后，做财富的主人而不是奴隶，才能得到幸福。

德国哲学家齐美尔说："金钱是一种介质、一座桥梁，而人不能栖居在桥上。"看淡财富，让金钱成为点缀生活幸福的工具，幸福才能常留身边。

3.你一快乐，就已经开始赚钱了

能够陪伴你一生的是父母？是子女？是夫妻？每个人的答案都不尽相同。陪伴前半生的是你安康的父母，陪伴后半生的是你孝顺的子女，陪伴你走一程的是你的另一半。且不说婚姻是多么的脆弱和易变，即使是恩爱夫妻，又有多少是同年同月同日去的？真正能够陪伴你一生，也是你不能被剥夺的财富，唯有开心快乐。只有心情才与你同呼吸、共命运，同生死、共存亡。

快乐是许许多多人的追求，但快乐又总是从我们身边悄悄溜走。生活的艰辛，家庭的矛盾，素质的差异，激烈的竞争，使得人生烦恼不断，甩不开也躲不掉。既然如此，那就微笑着接受吧！

对一个人来说，快乐值多少钱？对一家企业来说，快乐能值多少钱？对一个国家来说，快乐又值多少钱？在未得出精确的统计数据前，请一定先快乐起来，因为你一快乐，就已经开始赚钱了。

朋友喜欢象棋，上初中时就会下棋，经常能在路边的象棋摊旁一看半天，有时竟忘了吃饭，为此经常遭到家长的呵斥。后来，他买了一些象棋书，还有一些象棋杂志。那时，他和奶奶一起生活，奶奶怕影响他的学习，就偷偷把这些书藏了起来，但朋友对象棋的喜爱却没有因此而湮灭。

现在忙于生计，烦恼多多，朋友已经很少下象棋了。有时实在技痒，就到离他住处不远的菜市场旁的象棋摊上去看，或者下上几局。

摆象棋摊的是个60多岁的独身老人，在墙边支了个帆布篷，下面摆上六七张棋桌，这是他的全部投资。下棋不分时间长短，每人收1元，他以此为生，每月的收入不超过千元。他每天都要喝些小酒，人很随和、慈祥。和他慢慢熟悉了，他告诉朋友，有酒、有棋，有此两乐此生足也。他从容、淡定的神态和面部洋溢的笑容，都足以证明他是一个快乐的人。

周围看棋的人每天都围得水泄不通，边看边为弈者支招，经常是两边支招的人争得不可开交。语云：观棋不语真君子，但能达到此中境界的人真是不多。有个退休的老人每天都来此处观棋，每次都是老伴做好饭喊他回去才走，以此打发他退休的无聊时光。

人生苦短，得与失、赢与输、荣与辱都要看淡一些，别给自己的烦恼找借口。要明白快乐不是上天恩赐的，也不是金钱买来的，而是自己创造和争取来的。想要追求快乐，我们要忘掉名利，忘记年龄，放弃虚荣，多和快乐的人在一起，多给烦恼的人一些微笑。

老李虽然挣钱少，但回到家，老伴会嘘寒问暖，并把力所能及的事全做了。老伴会唱戏，他便学拉二胡，吃过饭，必须要唱一段，西皮二黄，从古到今，有多少欢乐在里面？

他也是知足的。虽然穷，一年到头吃挂面，但他有老伴的爱，能唱自己喜欢的京剧。他看得很开，并不羡慕那些有钱人，用他的话说，有钱人也有他们的难处。

富人与穷人的快乐有多少区别？如果用钱来衡量，区别很大，富人可以用钱买到很多看似快乐的快乐，穷人不能；如果用精神来衡量，那几乎是一样的，他们感受到的快乐，并不比谁少。

国际组织做的一项各民族快乐指标调查显示，只有9%的中国人认为自己是快乐的人。有人说，多数中国人还不富裕，还在为财富奋斗，等他们富裕了，自然就快乐了。

在民营企业家的一次聚会上，面对200多位中国的超级"富人"，主持人请"认为自己已经解决了财富问题的人"举手时，所有人都举起了手；当主持人请"感到内心愉快的人"举手时，举手的人只剩下一个。

一个"海归"这样表达自己不快乐的心态：在身无分文的时候不快乐，腰缠万贯的时候也不快乐；被人家使唤的时候不快乐，到了使唤人家的时候也不快乐；在做学生的时候不快乐，到打工挣钱的时候还是不快乐；在国内的时候不快乐，折腾到国外的时候还不快乐。

金钱是许多人向往追求的东西，在有些人眼里，只要有了钱，吃得好穿得好，物质上得到了享受，就能拥有一切，进而误以为这样的生活会快乐。事实上，钻在钱眼里并不是时时都那么快乐，"有"总还想"再有"，永远不能满足。他们精神空虚，在理想、情操、精神生活方面一无所有，他们是孤独的、无聊的。没有快乐，他们那些所谓的物质享受都是不切实际的。

可见，人其实生活在一种心境当中，关键是看你怎样想、怎么做。也就是说，人快乐与否，是由他的世界观、人生观、价值观决定的。让我们以快乐的心境去面对今后的每一件事吧！

4.你以为追求的是花冠，却不知是桎梏

平凡的人会羡慕那些拥有盛名的人，同时也希望自己能有那种非凡的影响力，但是被盛名所包围的人却明白，这种压力是无法言语的。

有才华的人也要避免拥有盛名。拥有盛名的才子才女们要不断花费大量时间到无用的事情上，还容易才华枯竭。司马迁在写《史记》的时候，并没有左拥右簇，相反，他当时的境况真可谓冷冷清清。但也正是因为冷冷清清，他才能静下心来思考。拥有盛名的人周围往往热闹非凡，在这种情况下，他们很难安静下来思考自己的事情。很多文学家在出名以后就很少有杰出的作品产生，虽然有思维定型的原因，但他们没有时间去改变思维也是一个重要原因。

名声是把双刃剑，你用它装点自己的时候，也给自己埋下了隐患。

很久以前，有一个年轻的剑客，他喜欢到处向成名的剑客挑战。因为他的剑术高超，所以顺利地击败了所有的对手。

年轻的剑客听说在某地住着一位有名的剑客，传说他是一位传奇人物。剑术绝妙，无人能敌。于是，好胜的年轻剑客决定去向这位名剑客挑战。历经千辛万苦，他终于在一个山村里见到了这位名剑客。

年轻剑客原本以为自己见到的会是一位相貌堂堂、气质出众的大人物，谁知对方竟是一个不修边幅、长相普通的老人，而且又瘦又小，一点也没有剑客的威风。更出乎他意料的是，老人的剑已经锈得无法再从剑鞘中拔出来了。

面对年轻剑客的挑战，老人毫不理睬，只管低头吃饭。此时正是盛夏，屋子里有好多苍蝇在嗡嗡乱飞，忽然，老人连眼皮都没有抬起，伸手便用筷子从空中夹住了4只苍蝇，一字排开放在桌上，然后继续吃饭。

年轻剑客看得目瞪口呆，他原有的骄傲瞬间消失得无影无踪，他意识到自己的剑术根本不可能胜过这位老人。后来，他拜老人为师，潜心修炼，几年之后，他的剑也同样锈在了鞘里。

剑是锈了，可是心境却更澄明了。

真正的争斗不是去打败别人，而是战胜自己。只会用身外物和别人一较高低的人，根本不明白真正有价值的是什么。

　　玛丽·居里出生在波兰华沙，1891年进入巴黎大学学习，1893年和1894年分别取得了物理学硕士和数学硕士学位。1895年，她与皮埃尔·居里结婚，开始了对放射性元素的研究。1898年7月，他们发现了一种新元素，命名为钋。同年12月26日，他们又发现了一种比铀的放射性要强百万倍的新元素镭。但当时还没有实物来证明镭的存在，科学界对他们的发现表示怀疑，也没有机构愿意为他们提供实验室做研究。居里夫妇只好在一个简陋的大棚子里做实验，历经了4年的艰辛提炼后，他们终于从8吨沥青铀矿渣中提取了0.1克纯镭，价值超过1亿法郎。这不仅赢得了科学界人士的普遍认可，还使他们成为了核物理学的奠基人，居里夫妇也因此共同获得了1903年诺贝尔物理学奖。

　　1907年，居里夫人提炼出了氯化镭。1910年，她测出了氯化镭的各种特性，并以《论放射性》一书成为放射化学的奠基人。"由于对科学的执著与贡献"，居里夫人于1911年获得诺贝尔化学奖。

　　在科学领域上享有盛名的居里夫人，生活却极为简朴。曾有一位记者要采访她，当来到一所简陋的房子前，记者看到一个衣着简朴的妇人正赤脚坐在台阶上洗衣服，他过去询问居里夫人的住处，当那妇人抬起头时，记者大吃一惊，原来她就是居里夫人。

　　发现了镭之后，居里夫妇收到了很多请求他们告诉提炼镭的方法的信件，关于怎么处理这些信件，居里夫妇只讨论了5分钟就做出了决定。居里先生说："我们必须在两个途径中选择一个，一是无偿公开镭的提炼方法……"居里夫人说："这样很好，我赞同。"居里先生说："二是将提炼方法申请专利，以后任何人想提炼镭都要经过我们的同意，并且，我们的孩子可以继承这一专利。"居里夫人不假思索地说："这违背了科学精神，我们还是选第一个办法吧。"于是，他们向世界公开了镭的提炼方法和其他相关资料。

有一位女性朋友去居里夫人家里拜访，发现她的小女儿正拿着英国皇家科学院颁给居里夫人的金质奖章在玩儿。朋友大吃一惊，问道："你怎么能把这么宝贵的东西给孩子玩儿呢?"居里夫人回答："我想让孩子从小就懂得，荣誉就像玩具，只能玩玩而已，绝不能永远守着它，否则将一事无成。"

居里夫人以高尚的情操和献身科学的精神教育孩子，她的女儿瑞娜后来也成为了一名科学家，并像母亲那样获得了诺贝尔奖。

"一个人不应该与被财富毁了的人交结来往。"这是居里夫人的名言，而她也正是这样做的，不让自己被名誉和财富毁掉。当初那价值超过1亿法郎的0.1克纯镭，对于生活极其简陋的居里夫人没有造成任何影响，她坦然地将0.1克镭无偿赠给了实验室，这份视名利如浮云的豁达实在令人赞叹。

正是因为居里夫人懂得名利就像玩具一样，偶尔拿来玩玩可以调剂生活，但若是抱住不撒手，生活反而会被它给毁了，所以她才能头脑清楚地将名利放在一边，在科学研究中享受莫大的人生乐趣。

看看世间，有多少人正把玩具当成自己真正的人生死守不放？生活中，很多人都热衷于虚名，以为追求的是花冠，却不知是桎梏。王安石的《寄吴冲卿》诗中有一句"虚名终自误"，令人警醒。

5.活该你累，谁让你比

人何苦要为难自己？生存本就不易，为何还要给自己脆弱的承受能力雪上加霜呢？其实，你看到的别人的光鲜，也许只是一件华丽的外衣，你可知道那外衣下面有多少不堪的痛苦？别人有的你没有，可你是否知道，别人为了得到那些付出了多少？你觉得自己事事不如人，时时不如意，可你是否知道，这不如意、不顺心都是你自己制造的？如果你的眼睛看到的不是别人拥有的、享受的、挥霍的，你还会那么纠结、郁闷、崩溃吗？

张瑶长得不错，而且很有才华，却过得很不开心。她已经三十好几了，却还待字闺中。也曾相处了几个男朋友，但都没能修成正果，原因是她总喜欢和别人攀比，一旦发现某样东西别人有而自己没有就会很郁闷。

一开始，她看到周围同事都陆续买了房，就向自己的男友抱怨，自己的同事托男友或老公的福全都有车有房，只有自己什么都没有。在张瑶的催促下，男友东拼西凑，在市郊买了一套小房子，又用剩下的两万块买了一辆二手奥拓。这样一来，他们也算是有车有房了。

可是，这并没有让张瑶满足，她总能从生活中找到与人对比的地方，比如别人都穿名牌衣服，拎名牌包，戴名牌首饰，吃法国大餐，到异国旅游，节假日能收到男朋友送的一大束玫瑰，短租英国城堡度假，等等。

为了满足她的欲望，男友拼命工作，加班加点，连节假日都搭进去了。

可是，这些努力并没有减少张瑶的郁闷。上班五天，有四天下班回来，她都是板着面孔的，说自己受到了严重打击，别人拥有的小东西自己都没有，更不要说大件了。

相处一段日子，男友发现自己怎么努力也无法赶上她欲望的膨胀，只能选择离开。

作家郑辛遥说，生活累，一小半源于生存，一大半源于攀比。

纵横交通，人来人往，行色匆匆，人们到底在忙活什么？不就是为了生计，为了生活，为了柴米油盐酱醋茶吗？我们不可能天天躺着等天上掉馅饼，更不可能因为自己不愿奔波而随心所欲地睡大觉，或四处闲逛。即便我们病了、累了、情绪不好了，也不可能随随便便丢下工作，因为那关系着我们的生存。

仅仅是生存的问题已经够我们累得了，可有些人还嫌不够，非要给自己的生活加点猛料，眼红、嫉妒、郁闷、愤怒、五味杂陈，全都扑面而来。你有你的生活，拥有别人没有的东西，为什么偏偏要自寻烦恼，拿自己没有的跟别人比呢？

人生不如意十之八九，天天咬着不如意不放，生活还怎么继续？你看到别人有车有房有钞票，有成功的事业，有漂亮的伴侣，有美满的婚姻，有欢快的笑容，别人挥手即来的东西你要奋斗一辈子才能拥有……越对比越郁闷越抓狂，附带抱怨自己没有一个好的出生背景，没有一个腰缠万贯的父亲，没有一张漂亮的脸蛋，没有遇到一个不错的机会……越想越觉得全世界都欠你，就连上帝也要狂批一通。可这一番翻江倒海的痛苦结束后，你的生活有什么变化吗？你除了浪费了大把时间，让自己活得不痛快，平添了无数皱纹和白发外，生活丝毫未变，你还得为生计忙，还得为自己的攀比心理买单，周而复始，直至生命尽头。

我们常说知足常乐，为什么不看看自己呢？我们四肢健全，有稳定的工作，父母双全，虽然没房没车，但不缺容身之地，没有人不准我们乘公车、坐地铁，我们呼吸着新鲜空气，感受着阳光的温度，自由穿梭在这个城市，我们有梦想追求，忙忙碌碌改善着自己的生活品质，这一切多美好！

所以，请卸下捆绑在自己身上的那些贪婪气囊，做个少欲一身轻的人！细细品味生活赋予自己的一切，与自己较劲，追寻属于自己的生活吧！

6.悬崖边有块金子，怎么拿才能不掉落？

在物欲横流、灯红酒绿的今天，摆在每个人面前的诱惑实在太多了，特别是对有权者来说，可谓"得来全不费工夫"。这就需要保持清醒的头脑，勇于放弃。如果抓住想要的东西不放，甚至贪得无厌，就会带来无尽的压力和痛苦不安，甚至毁灭自己。

人生总会面临许多诱惑，它之所以称为诱惑，是它对人具有巨大的吸引力，动摇人们的意志，使人们做出违背自己意志的选择。诱惑都是美丽的，它也许是你饥饿时的一块大蛋糕，也许是大把的钞票，也许是梦寐以求的职位……

某大公司准备以高薪雇用一名司机，经过层层筛选和考试之后，只剩下3名技术最优良的竞争者。主考者问他们："悬崖边有块金子，你们开着车去拿，觉得能距离悬崖多近而不至于掉落呢？""两公尺。"第一位说。"半公尺。"第二位很有把握地说。"我会尽量远离悬崖，越远越好。"第三位说。最终，这家公司录取了第三位。

像幸运与灾难一样，诱惑在人的生活中也扮演着重要角色。诱惑无处不在，职场中，诱惑以更多的姿态出现，如金钱、名誉、身份、地位、不能兑现的谎言等。臣服于诱惑将给我们带来职业生涯和人生的不幸与灾难。认清诱惑，经常性地进行自我反省，和诱惑保持足够的安全距离，才能保证健康的自我发展空间。

野兔是一种十分狡猾的动物，缺乏经验的猎手是很难捕获它们的。但一到下雪天，野兔的末日就到了。因为野兔从来不敢走没有自己脚印的路。当它从窝中出来觅食时，它小心翼翼，一有风吹草动就会逃之夭夭。但走过长长的一段路后，如果是安全的，它返回时也会按着原路退回。

猎人就是根据野兔的性情，找到野兔在雪地里留下的脚印，然后做一个机关，接着恢复表面的形状，第二天早上就可以去收获猎物了。

野兔致命的缺点就是它太相信自己走过的路了。

人生在世，我们必须与各种各样的人打交道，在这过程中，势必会与许多说不清的风险相遇。但是，如果缺乏对自己负责的态度和对内外风险的防范之心，就可能造成生命财产、情感、事业等多方面的破坏。如何保护自己，让自己的生命、事业等都得到必要保证，是基本的生存之道。

我们有时会遇到别人对你甜言蜜语，给你种种好处的情况。甜言蜜语使人十分舒适，而种种好处更使人陶醉。然而，最甜蜜的举止，也许就是最毒的药物；最大的好处，也许就是最深的陷阱。

有许多念头和情感是有毒的，像牛蒡草一样黏在你身上，像蜜蜂一样刺你。所以，不要随意放纵自己，不要轻易向各种诱惑低头，坚持自己的方向与计划，管理好自己的人生。否则，你很可能随波逐流，贪图眼前的一点点安逸享受，而损失掉生活中真正的财富。

第五章

要什么完美，你就是最好的

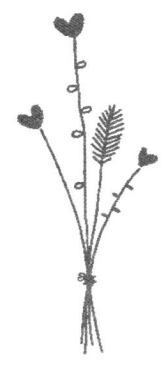

1.爱那个不完美的自己吧

你有没有过这样的感受？清晨，你站在镜子前面，仔细端详自己的脸庞，一会儿觉得自己的眼睛小了一点，一会儿又觉得鼻子不够挺拔；你觉得脸上的毛孔太过粗大，甚至还长了几颗小痘痘；你觉得自己的脸庞不够小巧，嘴唇不够性感，身材不够迷人……

相信不少人都有过这样的想法，总认为自己不够好，处处不如人，于是自惭形秽、悲观失望，乃至自卑自怜、自暴自弃，不能够从容地与人交往，更不能出色地发挥自己的才华和个性。

　　实际上，每个人都有自己的优势，同样地，也不可避免地有自己的不足，但这并不能够成为我们失意的借口。正如美国总统罗斯福的夫人艾莉诺·罗斯福所说："没有你的同意，谁都无法自卑。"如果你想掌握人生的主动权，那么当你对自己有不满、失意感和自卑时，请静下心来认真地检视自己，找到自己的价值所在，并且学会对自己说："我已经够好了!"

　　伊笛丝·阿雷德从小就特别敏感而腼腆。她长得很胖，脸又圆，这使她看起来比实际还胖得多。伊笛丝的母亲很古板，她总是对伊笛丝说："宽衣好穿，窄衣易破。"而母亲总照这句话来帮伊笛丝做衣服。所以，伊笛丝一直很自卑，从来不和其他的孩子一起参加室外活动，甚至不上体育课。她非常害羞，觉得自己和其他人都"不一样"，完全不讨人喜欢。

　　长大之后，伊笛丝嫁给了一个比她大好几岁的男人。她丈夫一家人都很好，也充满了自信，可这并没有改变她害羞的性格。尽管伊笛丝做了最大的努力想像他们一样，可她就是做不到。伊笛丝变得更加紧张不安，躲开了所有的朋友，情形坏到她甚至怕听到门铃响。

　　伊笛丝心里深深知道自己是一个失败者，又怕她的丈夫发现这一点，所以每次出现在公共场合时，她都会强颜欢笑，假装很开心。事后，伊笛丝又会为这个难过好几天。最后，她甚至觉得活下去已经没有任何意义，开始产生自杀倾向。

有一天，她的婆婆谈到了她怎么教育自己的几个孩子，说："不管事情怎么样，我总会要求他们保持本色。"

"保持本色！"在一刹那之间，伊笛丝突然发现自己苦恼不开心的原因，就是因为她一直不喜欢自己原来的样子。从此，伊笛丝开始本色地生活，她试着研究自己的个性、自己的优点，竭尽所能地去学色彩和服饰知识，尽量以适合她的方式去穿衣服，还主动交朋友。她参加了一个社团组织，组织人要她参加活动，刚开始，她很害怕，但慢慢地，她的勇气不断增加，自信也不断增加，她获得了她期望已久的快乐，变得越来越喜欢自己。

时常对自己说"我已经够好了"，这实际上就是对自己的尊重与认可，也是成就自己的前提条件。用自信做后盾，学会自我拯救和自我完善永远是最重要的，也是赢得别人欣赏的方式。

回想一下，你没有高大的身材，但有渊博的学问也能让你看起来很高大；你没有美丽的容颜，可动人的声音同样可以让你受到瞩目；你不擅长演讲，但你很善于倾听，后者同样是一种让人喜欢的好习惯……

由此可见，你其实也是有优点的，你已经够好了。

这样做之后，对待生活和工作，你会更加从容、神采奕奕、朝气蓬勃、信心百倍，脸上永远泛着自信的光芒，并能够用热情感染周围的人，扫去别人脸上的阴霾，化解别人心中的苦闷。

对自己说"已经够好了"，并非自以为是、孤芳自赏，而是为了让我们更加清楚地认识自己的优点、肯定自己的价值。一个有价值又有自信的人怎么会被失意打败呢？每天信心十足地生活，有何不好？

对于喜欢体操的人来说，很少有人不知道那个金发、美颈、长腿，拥有无可挑剔的容貌和举手投足间的贵族气质，能给体操注入不同寻常的东西，散发出成熟女性美的俄罗斯体操皇后——霍尔金娜。霍尔金娜是体操界少有的奇才，她获得过1996年亚特兰大奥运会女子高低杠体操冠军和2000年悉尼奥运会女子高低杠体操冠军。1995年~2003年，她共夺得了10枚世锦赛金牌，还夺得过3次欧锦赛全能冠军，连续5次夺得欧锦赛高低杠冠军。

雅典奥运会上，25岁的她带着奥运会三连冠的梦想而来。可惜，在一个跳转动作后，她出现了抓杠失误，坚持片刻后还是掉下了器械。最后，她只获得了8.925分，金牌拱手让人，霍尔金娜悲情谢幕。

然而，如一只高傲的天鹅的霍尔金娜，一向有自己与众不同的作派：赛前，她从来不热身；赛后，她也拒绝承认失败。在自由体操场地上完成最后一个动作后，她就走到了台下，不屑观看对手最后一轮的比赛。等她再出现在人们的眼前时，傲然的她一边展开俄罗斯国旗，一边向观众招手致意，俨然一派冠军风度，让记者们难以抉择应该把焦点对准她还是真正的冠军帕特森。这时，全场的观众都起身鼓掌，他们的掌声献给的不是冠军，而是美丽的冰美人霍尔金娜。

"我依然是奥运冠军，大家都还会记得我在亚特兰大和悉尼的表现。"霍尔金娜的潇洒和在她旁边为她失去金牌而默默流泪的队友成了鲜明的对比。

霍尔金娜就是这么自信，她说，她没有偶像，她的偶像就是她自己。所以，在霍尔金娜的人生中，她永远是自己的冠军，永远不会对自己失去信心。

每个人都是自己人生的主角，在这场以人生为背景的戏里，你的角色、戏份没有人能够取代，真正的偶像就是你自己。

在我们生命中有很多的不完美，但正因为这些不完美才让我们成为了自己。与其痛苦地挣扎在对与错的边缘，不如安稳地坐在矛盾、隐晦中，好好享受错误中的喜悦。

不用去羡慕别人，不要总想着成为那个看似完美的别人，他是他，我是我，他永远都做不了我，我也永远都成为不了他。我们要做的只是好好爱自己，爱上不完美的自己，爱上自己的不完美。

2.不完美，并不代表不美好

真实的世界是一个不完美的世界，但在勇于挑战的人眼里，不完美的世界恰恰是一个丰富的世界。世界有阴暗有光明，人生有欢乐有悲伤，唯有世界这样多变，我们的生命才能显得那么可贵和不凡。

超市新进了一批样式新颖、色调分明的高档杯子，超市的经理相信这些杯子一定可以成为抢手货。

但奇怪的是，一个月过去了，购买这款杯子的顾客很少。看到如此漂亮的杯子，很多顾客先是一番大喜，但当拿到手里仔细观察后又都摇摇头。

经理百思不得其解，便请一位心理学家来帮他分析。

心理学家拿起杯子，仔细看了之后对经理说："你赶紧叫人把这批杯子上的盖子都拿下来，然后把杯子放在柜台上原价出售。这批杯子的杯身的确设计新颖，做工也很精细，但盖子上却有一处缺陷，顾客们很想买这个杯子，但又觉得买了有点吃亏。现在盖子一去，它们就成了完美的杯子了。"

没过多久，这批杯子就被抢购一空。

不完美是世界的一部分，也是人生的一部分，只有懂得这个道理，我们才不会错过上帝准备好的美景，才能尽享人间风光。

人的一生，就是磨砺的一生。因此，学会接纳世界的不完美，学会接纳自己的不完美，敢于挑战苦难，是我们生命历程中无法逃避的选择。没有对苦难的挑战，就体会不到生命的甘甜，领略不到世间的风景。

完美主义者创造了很多伟大的东西，但不追求完美的人也创造了很多美丽的东西。断臂维纳斯，少了一只臂膀，却平添了深层之美，她所凝聚人体形象的美更加动人心魄。

美国斯坦福大学教授哈罗德·罗森堡曾说："思想有时需要具有某种粗糙，正如绘画有时需要用粗纹纸一样，只有具有这种品质的思想，才能与实际经验的本质相适应。"

有一位先生娶了一个体态婀娜、面貌娟秀的太太，这个太太长着柳眉凤眼、樱桃小口，眉清目秀，性情温和，美中不足的是长了个酒糟鼻子。好像失职的艺术家，对于一件原本足以称傲于世间的艺术精品少雕刻了几刀，显得非常突兀、怪异。

这位丈夫对太太的鼻子终日耿耿于怀。一日外出经商，行经贩卖奴隶的市场。宽阔的广场上，人声沸腾，争相吆喝出价，抢购奴隶。广场中央站了一个身材单薄、瘦小清癯的女孩子，正以一双水汪汪的泪眼怯生生地环顾着这群如狼似虎、即将决定她一生命运的男人。这位丈夫仔细端详女孩子的容貌，突然间，他被深深地吸引了。好极了！这个女孩子的脸上长着一个端端正正的鼻子，于是，他不计一切地买下了她。

这位丈夫以高价买下了长着端正鼻子的女孩子，兴高采烈地带着女孩子日夜兼程地赶回家，想给心爱的妻子一个惊喜。到了家中，把女孩子安顿好之后，他以刀子割下女孩子漂亮的鼻子，拿着血淋淋而温热的鼻子大声疾呼道："太太，快出来！我给你买回了最宝贵的礼物！"

"什么样贵重的礼物，让你如此大呼小叫？"太太疑惑不解地应声走出来。

"喏，你看！我为你买了个端正美丽的鼻子，你戴上试试。"

丈夫说完，便突然抽出怀中锋锐的利刃，一刀朝太太的酒糟鼻子砍去。霎时，太太的鼻梁血流如注，鼻子掉落在地上，丈夫赶忙用双手把端正的鼻子嵌贴在伤口处。但无论他怎样努力，那个漂亮的鼻子都无法粘在妻子的鼻梁上。

可怜的妻子，既得不到丈夫辛苦买回来的端正而美丽的鼻子，又失掉了自己那虽然丑陋但货真价实的酒糟鼻子，并且还受到了这无妄的刀刃创痛。而那位糊涂丈夫的愚昧无知，更是叫人可怜！

生活中也是这样，有些人以为自己在追求完美，其实，他们追求的是不完美中的完美，这种完美根本就不存在。

所谓美，只是一种看法，一种心态，一种追求。完美的标准是相对而言的，因人的审美观不同而不同，今天以胖为美，明天就可能以瘦为美。古人以脚小为美，如果今天有

"三寸金莲"走在大街上，路人肯定会笑掉大牙。

所以说，完美并不代表真的美，只有合乎事物的规律才是真正的完美。

3.谈恋爱算什么完美，有本事咱们结婚

有人说，爱情让人盲目；还有人说，处于恋爱期间的人智商为零。这些话一点都不假。热恋中的人看到的永远是浪漫和甜蜜，即便是缺点，在他眼中也变成了可爱的地方。你爱的那个人的周身都被某种光环所笼罩，见到Ta就像看到了满世界的阳光，原本的阴霾会顿时消散得无影无踪。爱情的力量足够伟大，和相爱的人在一起，困顿不堪的岁月也会变成美好的回忆，在彼此的心中沉淀或升华。

但是，一旦有一天，当爱情归为现实，当婚姻走进日常的生活，我们就会发现，原来对方身上有这么多自己无法接受的缺点甚至缺陷。当这种情绪持续地存在，彼此的感情就不可避免地会发生危机。

有一个女孩和一个男孩在众人的祝福中走进了婚姻的殿堂。可是婚后，女孩却觉得生活并没有她想象的那样美好，两个人经常因为一点小事而争吵。因此，她经常跑到娘家诉

苦，有时候无法抑制自己的情绪，一边哭泣一边说着丈夫的种种不是。

这天，在她哭完之后，母亲起身拿出一支笔和一张白纸，对她说："这样吧，你现在拿着笔往白纸上点点，你丈夫有一个缺点，你就在纸上点一个点。"

女儿顺从地接过了笔，开始在白纸上点点。她一边哭，一边想着丈夫的缺点，想到之后就狠狠地在白纸上点着。等她点完之后，把那张纸交给了母亲。母亲又把纸递给她，对她说："女儿，你看这张纸上是什么？"女儿说："黑点啊，这上面全是他的缺点。"母亲又说："你再看看，看看还有什么？"女儿瞪大眼睛重新审视了一番，说："上面除了黑点就是空白的地方，也没有什么别的东西了。"母亲笑了，语重心长地说："对啊，空白的地方比黑点大得多，你怎么就只看到黑点呢？你一定是只看他的缺点啦。来，你再数一下他的优点。"女儿停止了哭泣，开始数起丈夫的优点。她数着数着，脸色慢慢舒缓了起来，最后发现丈夫的优点还是蛮多的。这时，她心里再也没有了怨气，她感激地对母亲说："妈妈，我知道了，谢谢你。"

在婚姻生活中，很多争执和矛盾都是由于我们只看到了对方的缺点而忽视了对方的优点引起的。

我们应该知道，爱的本质是包容。当两个素不相识的人由相爱走向婚姻，就注定了要付出一些牺牲。毕竟，婚姻不是花前月下、卿卿我我的唯美浪漫，也不是莽撞少年的缠绵与誓言，而是烟火生活中的相濡以沫和相互体谅。婚姻爱情的美丽和可贵，不是誓言的多少和承诺的天荒地老，而是相互包容和理解。

一对夫妻经常相互抱怨对方。丈夫认为自己每天工作非常辛苦，回家后没力气做家务；妻子认为自己每天有做不完的家务活，从早忙到晚，累得要命，连工作都丢了。于是，他们决定互换角色，让对方体验一天自己的生活。

第二天清早醒过来，夫妻角色对换。作为一个"女人"，他早早起床，准备早餐，叫孩子们洗脸刷牙，照管他们吃早餐，然后开车送他们去学校，之后去超市采购。回到家，他又要整理床铺，洗衣服，打扫房间。等干完这些，孩子们放学的时间到了，于是，他又冲到学校去接孩子。到家后，他准备好点心和牛奶，监督孩子们做功课。傍晚，他开始准备晚餐。吃完晚饭，他开始洗碗，收拾厨房，然后给孩子们洗澡，给他们讲故事，哄他们上床睡觉。晚上十点，他已经撑不住了，可是屋子还没收拾，衣服还没洗……

这边，妻子也开始体验丈夫的生活。一大早到公司后，她照常开例会。会议结束后，她跟同事一起商议当天的工作安排，回到办公室不停地接打电话，跟客户洽谈。到了午饭时间，顾不上出去吃饭，叫了外卖，一边吃一边工作。下午出去见客户，经过6个小时的磋商，终于谈成了一笔大项目。这时已经是晚上7点，客户要求出去庆祝，喝酒、唱歌、聊天，晚上回到家已经是凌晨两点了。这时，丈夫还在客厅等着她。

　　经过这番体验，两人不发一言地拥抱在了一起。

　　在朋友之间，我们常常能做到感恩与报答。而夫妻之间因为有一纸婚约，彼此之间便把对方做的任何事情都看作理所当然，时间一久，自然就会熟视无睹，甚至还会鸡蛋里面挑骨头。

　　如果我们不能爱一个人的本来面目，而是爱上了我们期待中那个完美的Ta，我们就会一直失望，而Ta也会因为压力过大而沉默和崩溃。

　　婚姻是一种缘分，需要珍惜。婚前的交往往往披着一层美丽的伪装，只有在共同生活时，夫妻双方才会发现彼此的弱点和问题。宽容是保持婚姻稳定和幸福的基本品德，因为世上没有十全十美的人！

　　20多岁的年轻人，心里承载了太多对完美的期待，然而，一份健康的情感不可能脱离现实而存在。如果你爱一个人，绝对不是因为Ta的完美，那种将爱人的一切都理想化的人，最终免不了要吃点苦头。要想让自己的婚姻变得更加牢固，让家庭变得更加美满幸福，就应该用包容的心态去对待对方，用理性的思维去解决双方的矛盾和冲突，这样的感情才会持久，这样的婚姻才能更幸福。

4.假如生活欺骗了你，去适应它

比尔·盖茨说："生活是不公平的，你要去适应它。"的确，几乎从我们出生的那一刻起，不公平就显现出来了：有些孩子降生在宾馆一样的病房里，有些孩子则降生在自家黑糊糊的炕头上；到了上学的年龄，一些孩子穿着新衣、背着新书包踏进了美丽的校园，而一些孩子却只能眼睁睁看着别人背着书包暗自伤神；该工作了，一些孩子凭学历、靠关系进了著名的企业，一些孩子没有学历、没有关系，只能以体力劳动来维持生活……

当然，大多数人没有前者那么优越，也没有后者那么凄惨，而是处在一个中间的水平，但仍然能处处感觉到不公。自己的父母为什么是偏远地区的农民而不是城市里的知识分子？自己大学毕业的时候为什么偏偏赶上国家不再分配工作？为什么到了自己该成家立业的时候房价较几年前翻了数倍？为什么自己拼命工作，而老板却把晋升的职位给了自己的亲戚……

生活中不公平的事情实在是太多了，很多人为此唉声叹气、指责抱怨。这或许能解一时之气，却不能改变实质。面对不公，比尔·盖茨说的方法是"你要去适应它"，你是否曾考虑过如何适应这样的不公？

他出生在爱尔兰的一个贫困家庭。两岁的时候，他的父亲忍受不了贫穷，抛弃了他和母亲。不久，他的母亲也离开了他，他先后由外公外婆和亲戚照顾。

由于经济方面的原因，他16岁时辍学回家，靠卖画赚钱。生活的磨砺使他比同龄人成熟很多，有一种少年老成的气度。19岁时，他进入了伦敦一家著名的戏剧中心学习表演，虽然也参加了一些电视剧的拍摄，但始终都是担任一些不引人注目的小角色，迟迟没有成名的机会。

在妻子的劝说下，他来到了美国加利福尼亚州寻找机会。他的运气很好，被一名导演相中，让他演《斯蒂尔传奇》中的主角斯蒂尔。他成熟的演技和潇洒的风度令大批观众为之倾倒，一时之间，他成了加利福尼亚州家喻户晓的人物。

那年他31岁，他就是现在的国际巨星皮尔斯·布鲁斯南。

没有好的家境和出身，并不意味着一辈子都要被禁锢在这个小圈子里。自暴自弃、怨天尤人，那都是幼稚可笑的行为。因为残酷的现实不会因为我们的悲观和抱怨而主动改变，唯有直面生活，接纳生活赋予我们的不完美，努力地适应，才能够让我们的未来更美好。

1899年7月21日，欧内斯特·海明威出生在世界五大湖之一的密执安湖南岸，一个叫橡树园的小镇。

家里一共有6个孩子，海明威排行老二。海明威的母亲很有修养，热爱音乐，父亲是一位杰出的医生，又是个钓鱼和打猎的能手。海明威3岁时，父亲给他的生日礼物是一根鱼竿；10岁时，父亲送给他一支一人高的猎枪。受父亲的影响，海明威对捕鱼和狩猎充满了热爱之情。

14岁时，海明威在父亲的支持下报名学习拳击。第一次训练，他的对手是个职业拳击家，海明威被打得满脸鲜血，躺倒在地。

可是第二天，海明威裹着纱布又来了，并且纵身跳上了拳击场。20个月之后，海明威在一次训练中被击中头部，伤了左眼，这只眼睛的视力再也没有恢复。

毕业以后，海明威不愿意上大学，渴望赴欧参战，但因为视力的缘故未被批准。后来，他离家来到堪萨斯城，在《堪萨斯报》做了见习记者。

在这里，他学到了最初的写作技巧。《明星报》对于文字有110条不得违反的规定，如"要用短句"，"用活的语言"，"用动词，删去形容词"，"能用一个字表达的不用两个字"等。海明威专心致志，很快掌握了写作的技巧，并形成了自己的文字风格。

1918年5月，海明威如愿以偿地加入了美国红十字战地服务队，来到了第一次世界大战的意大利战场。

7月初的一天夜里，海明威被炸成了重伤，人们把他送进了野战医院。海明威的一个膝盖被打碎了，身上中的炮弹片和机枪弹头多达230余块。他一共做了13次手术，换上了一块白金做的膝盖骨，但仍有些弹片没有取出来，到死都留在他的体内。

海明威在医院里躺了3个多月，接受了意大利政府颁发的十字军功勋章和勇敢勋章，这时他刚满19岁。

大战后，海明威回到了美国。战争除了给他留下了精神和身体上的伤痛，没有留下任何其他东西。旧的希望破灭了，新的又没有建立，前途渺茫，海明威的思想陷入了空虚。

尽管如此，海明威依旧勤奋写作。1919年夏秋，他写了12个短篇，寄给报社，希望能够发表，但被全部退了回来。母亲警告他：要么找一个固定的工作，要么搬出去。于是，海明威从家里搬了出去，因为什么也改变不了他献身于文学事业的决心，他只想做第一流的、最出色的作家。

1920年的整个冬天，海明威独自坐在打字机前，从早写到晚。有一次参加朋友们的聚会，海明威结识了一位叫哈德莉的红发女郎。她比海明威大8岁，成了海明威的第一个妻子，这时海明威22岁。

1922年冬天，他赴洛桑参加和平会议时，哈德莉在火车站把他的手提箱弄丢了，那里面装着他的全部手稿，一个长篇、18个短篇和30首诗。这使海明威痛苦万分又毫无办法，他只能重新开始。

1923年，海明威的第一部著作《三个短篇和十首诗》在法国的一个非正式出版社出版。总共只印了300册，在社会上毫无影响。

作为记者，海明威很受欢迎，但他呕心沥血写成的小说却没有报刊肯用。尤其令他伤心的是，退稿信上总是称他的作品为"速写录"、"短文"，甚至说是"轶事"，根本就不把他的稿件看成是文学创作。1924年，海明威辞去了记者工作，专门从事文学创作。他没有固定的收入，又要养活刚出生的儿子，生活的艰难可想而知。

1925年是海明威最为穷困潦倒的一年。妻子带着儿子离开了他，他除了通宵达旦地写作，只能把看斗牛当作娱乐消遣。

第二年，海明威与第二任妻子波林结婚后不久，他的第一部长篇小说《太阳照样升起》问世。这部小说一经发表，立即博得了一片喝彩声，被翻译成多种文字，成了20年代的典范之作。

这部小说用美国女作家斯泰因的一句话"你们都是迷惘的一代"作为题词，从而产生了一个文学流派——"迷惘的一代"，而海明威就成了这个流派的代表。

普希金有一首我们非常熟悉的短诗《假如生活欺骗了你》："假如生活欺骗了你，不要忧郁，不要愤慨，不顺心时暂且忍耐。相信吧，快乐的日子将会到来。"

生活是不公平的，如果我们因此怨天尤人，不敢面对现实，没有足够的勇气去接受现实的挑战，整天活在忧郁之中，那终有一天会被生活击垮。与其如此，不如思考如何更好地去适应生活的不公。唯有适应当下的环境，你才能有机会去改变自己的处境。

不要奢望自己成为上天的宠儿。假如生活欺骗了你，给了你诸多不公平的待遇，请你接受比尔·盖茨的忠告：去适应它。

5.我们都是上帝咬了一口的苹果

世上没有完美的人，我们都如同被咬过的苹果，只是残缺的程度不同。若总是纠结于生活和想的不一样，抱怨生活欺骗了我们，懊恼自身的缺陷，那只能说明我们还不了解生活的真相：完美只存在于想象。

一个小男孩儿出生的样子让所有见到的人都伤心至极——他的身体只有可乐罐那么大，腿是畸形的，而且没有肛门，躺在观察室里奄奄一息。医生断言，这孩子不可能活过24小时。可他的父亲在为他准备好了小衣服、小棺材和墓地后，回到医院发现他居然还活着。医生又说，这孩子不能活过一周，但他挣扎着活了一周又一周……父亲将他带回家，取名约翰·库缇斯。

小约翰实在太小了，在他眼里，周围的一切都是庞然大物，他对一切都充满了恐惧，连家里的狗都欺负他。父亲对他说："你必须自己面对一切恐惧，勇敢起来！"到了上学的年龄，当他背着比他个头还大的书包，坐在轮椅上靠近校门时，没想到更因个头矮小吃尽了苦头。

那些调皮的孩子把他当成了随意戏弄的玩具，他们故意掀翻他的轮椅，看他挣扎；他们弄坏他轮椅上的刹车，看他失控的样子；他们甚至用绳子绑住他的手，用胶纸封住他的嘴，把他扔进垃圾箱里，还在垃圾箱旁边点燃了火……有一次幻灯课上，约翰出来上厕所，可是，他在黑暗中每移动一步，都感到钻心的疼痛。当他来到光亮处，才发现自己手上扎满了图钉，鲜血直流。

约翰终于无法忍受。回到家，望着镜中的自己，想着自己一次次折磨、被侮辱的遭遇，他放声大哭。他想到了死亡，想到了自杀，只是舍不得疼爱他的双亲。

因为约翰的两条腿畸形，就像尾巴一样翘着，不仅派不上用场，而且行动非常不方便。1987年，17岁的他做了腿部的切除手术，成了"半个人"，但行动却变得更加自如了。

高中毕业后，约翰渴望找一份工作自食其力。每天早晨，他趴在滑板上敲开一家又一家店门，问店主是否愿意雇用他。人家打开门，根本就没有发现趴在地上的"半个"约翰，便又把门关上了。

不知道失败了多少次，约翰终于在一家杂货铺找到自己的第一份工作。后来，他做过销售员、技术工人，还在一个仪表公司拧过螺丝钉。那时，他每天凌晨4点半起床，赶火车到镇上，然后爬上他的滑板，从车站赶到几千米外的工厂。尽管生活艰辛，但能够自食其力，他觉得非常开心。

约翰虽然身体残疾，但爱好体育运动，他从12岁就开始打轮椅橄榄球。由于他没有双腿，做事全靠双手的力量，使得他的手臂力量惊人。1994年，约翰·库缇斯成了澳大利亚残疾人网球赛的冠军；2000年，他拿到了澳大利亚体育机构的奖学金，并在全国健康举重比赛中排名第二。

一个偶然的演讲机会，开创了他人生的全新局面。那次，他应邀对自己的经历做简短演讲，很多听众听了他的故事后，感动得流下了眼泪，还有一个女孩儿因此而放弃了自杀的念头。这让约翰决定走上讲台，讲述自己经历过的恐惧和忧伤，讲出自己的挣扎和拼搏，给他人以启迪。于是，他开始到世界各地演讲，他的故事激励着更多的人，让更多的人走出了阴暗，走出了泥泞。

不要因为自己的缺陷而自卑、彷徨，那只不过是上天给我们人生添加了一份"苦味"的菜而已。有缺陷不可怕，可怕的是不敢面对，只知逃避和掩盖。敢于直面真实的人生，是迈向成熟的第一步。想一想：如果自己都纠结于自己的不完美，还会有谁看得见你的"完美"呢？如果我们都不想拯救自己，还有谁能拉我们一把呢？

如果一个人在46岁的时候，因意外事故被烧得不成人形，4年后又在一次坠机事故后腰部以下完全瘫痪，他会怎么办？

你能想象这样的人后来竟然成了百万富翁、受人爱戴的公共演说家、春风得意的新郎官及成功的企业家吗？你能想象他去泛舟、玩跳伞，还在政坛占得一席之地吗？

米契尔做到了这些。在经历了两次可怕的意外事故后，他的脸因植皮变成了一块"彩色板"，手指没有了，双腿变得那样细小，无法行动，只能瘫坐在轮椅上。意外事故把他身上65%以上的皮肤都烧坏了，为此，他动了16次手术。手术后，他无法拿起叉子，无法拨电话，也无法一个人上厕所。但以前曾是海军陆战队队员的米契尔并不认为他被打败了，他说："我完全可以掌握自己的人生之船，我可以选择把目前的状况看成倒退或是一个新起点。"6个月后，他又能开飞机了！

米契尔为自己在科罗拉多州买了一幢维多利亚式的房子，另外也买了一架飞机及一家酒吧。后来，他和两个朋友合资开了一家公司，专门生产以木材为燃料的炉子，这家公司后来变成了佛蒙特州第二大私人公司。意外发生后4年，米契尔所开的飞机在起飞时又摔回了跑道，把他的12块脊椎骨摔得粉碎，腰部以下永久性瘫痪。"我不解的是，为何这些事老是发生在我身上？我到底是造了什么孽，要遭到这样的报应？"

面对这些灭顶之灾，米契尔仍不屈不挠，日夜努力使自己能达到最大限度的独立自主。他被选为科罗拉多州孤峰顶镇的镇长，负责保护小镇的环境，使之不因矿产的开采而遭受破坏。米契尔后来也竞选国会议员，他用一句"不只是另一张小白脸"的口号，将自己难看的脸转化成了一项有利的资产。

尽管面貌骇人、行动不便，但米契尔依然找到了能陪伴自己一生的伴侣。之后，他还拿到了公共行政硕士学位，并持续他的飞行活动、环保运动及公共演说。

米契尔说："我瘫痪之前可以做1万件事，现在我只能做9000件。我可以把注意力放在我无法再做好的1000件事上，或是把目光放在我还能做的9000件事上。告诉大家，我的人生曾遭受过两次重大的挫折，如果我能选择不把挫折当成放弃努力的借口，那么，或许你们可以用一个新的角度来看待一些一直使你们裹足不前的经历。你可以退一步，想开一点，然后你就有机会说：或许那也没什么大不了的！"

世界文化史上三大名人，音乐家贝多芬失聪，小提琴演奏家帕格尼尼失音，文学家弥尔顿失明，但他们都不屈服于命运的摆布，以坚强的毅力征服了自身的不完美，也赢得了整个世界的喝彩。

不管身体的缺陷是与生俱来的，还是后天导致而难以弥补的，勇敢地接受它们，就能活得从容，活出精彩。不要纠结于自己的缺陷，也不要苛责自己的不完美，因为有了不完美，才能放大你的"完美"。

6.用"不完美"的利器来打磨自己

面对生活中的不完美和缺憾，我们与其一味挑剔，让自己沮丧，还不如笑着去包容，坚强地去面对，然后战胜它。不完美和缺陷，不是对生命的折磨，而是对我们自己的一场考验。只要你愿意接受它们的打磨，新的人生随时都可以开始。

乔治是个不幸的少年。他天生失明，什么都看不见。但乔治有一个很幸福的家庭，父母对他很疼爱，他的生活也非常丰富多彩。

然而，在乔治6岁时，发生了他所不能理解的一件事。一天下午，他正在同另一个孩子玩耍。那个孩子忘了乔治是盲人，便抛了一个球给他。"当心！球要击中你了！"这个球确实击中了乔治。乔治虽没有受伤，但觉得极为迷惑不解。后来，他问母亲："比尔怎么能在我之前就知道我将要发生的事呢？"母亲叹了一口气，她所害怕的事终于发生了，现在，她有必要第一次告诉她的儿子："你是盲人。"

"乔治，坐下。"她母亲温柔地说道，同时，伸过手去抓住他的一只手，"我不可能向你解释清楚，你也不可能理解清楚，但是，让我努力用这种方式来解释这件事。"她温柔地把他的一只小手握在手中，开始计算手指头。

"1-2-3-4-5。因为，这些手指头代表着人的五种感觉。"她一边说，一边用她的大拇指和食指顺次捏着孩子的每个手指，"这个手指表示听觉，这个手指表示触觉，这个手指表示嗅觉，这个手指表示味觉。"然后，她犹豫了一下，又继续说："这个手指表示视觉。这五种感觉中的每一种都能把相应的信息传送到你的大脑中。"她把那表示视觉的手指弯起来按住，使它处在乔治的手心里："乔治，你和别的孩子不同，因为你仅仅用了四种感觉，而没有用你的视觉。现在，我要给你一样东西，你站起来。"

乔治站了起来，母亲拾起他的球，说道："现在，伸出你的手，抓住这个球。"乔治伸出了他的一双手，手接触到了球，他把手指合拢，抓住了球。

"好，好。"他母亲说，"我要你绝不忘记你刚才所做的事。乔治，你能用四个而不用五个手指抓住球。如果你由那里入门，并不断努力，你也能用四种感觉代替五种感觉，抓住丰富而幸福的生活。"

乔治的母亲用了一个生动的比喻，她用简单的数字来说明问题，确实使两个人的思想得到了最快、最有效的交流。乔治永远不会忘记"用四个手指代替五个手指"的信条。每当他由于生理上的缺陷而感到沮丧的时候，他就会用这个信条激励自己。他觉得母亲是对的，如果他能应用他所有的四种感觉，他确实能抓住完美的生活。

只有经过磨砺的人生，才能沉淀出坚强的生命；只有经历了人生的风雨，才能体会生命的难得和可贵。我们的一生就是与不完美、缺陷同行的一生，没有苦难的人生是不完整的人生。所以，我们应该学会战胜缺陷，在缺陷中磨炼自己，在不完美中使我们的人生变得完整。

对于不完美和种种缺憾，我们既可以利用它来作为懒惰和胆怯的挡箭牌，也可以用它来激励自己去和困难做斗争，把它作为打磨自己的利器。到底是哪种，全看你选择何种方式面对。

足球明星梅西的大名可谓家喻户晓。20岁的梅西身高169公分，体重68公斤，被人们认为是马拉多纳的接班人。马拉多纳对这位小老乡的评价是："梅西是一位天才球员，前途不可限量。"

梅西12岁时来到巴塞罗那，在青年队中锤炼5年后进入一线队。他在2004年的南美青年锦标赛上打进7球而成为最佳射手。现在，梅西已经晋封"梅球王"，成为了巴塞罗那俱乐部和阿根廷国家队的绝对核心。但是，现在成就如此辉煌的梅西，曾经也有过一段痛苦的往事。作为一个天才球员，他差点因为身体原因而被埋没。

1987年6月24日，在阿根廷圣塔菲尔省的罗萨里奥中央市，继两个哥哥之后，梅西降生了。这个穷人家的孩子从出生起就身体屏弱，妈妈无暇照顾弱小的梅西，把他寄养在辛迪亚家，两人从幼儿园到小学一直在一起。辛迪亚见证了梅西童年所有的艰辛和欢乐，而梅西也把辛迪亚当成这个世界上唯一可以倾诉心事的人。

　　作为梅西最痴心的球迷，辛迪亚珍藏着梅西代表各个俱乐部效力时穿过的各种款式的球衣。辛迪亚总是坐在高高的看台上，看着她的英雄演出，她比任何人都更早而且更坚定地相信梅西的足球天赋。那是一段多么幸福的时光。可惜美好的光阴总是容易逝去，11岁的梅西被查出患有荷尔蒙生长素分泌不足，这将影响他骨骼的健康发育，使他在1.4米的高度停滞不前。纽维尔斯老男孩俱乐部不想为一个前途未卜的孩子每月花费900美元的治疗费用，梅西只能和父亲远赴他乡，去西班牙求助。那是在最后一场比赛后绝望的辞行，13岁的梅西抱着辛迪亚嚎啕大哭，而辛迪亚抱着他说："不哭不哭，坚强点小不点儿，一切都会好起来的。"

　　情况真的好了起来，他通过治疗长到了近1.7米，并在巴塞罗那过得如鱼得水。无论是里杰卡尔德的肯定，还是其他教练的赞誉，甚至马拉多纳也亲自给他打来了鼓励的电话，这都是在向全世界发布一个信息：梅西已经与从前大不相同。小罗说："只有梅西才能骑在我的背上，我们是好兄弟。"

　　现在的梅西，因为足球集万千宠爱于一身，媒体、教练、队友、球迷把他当明星、孩子、兄弟、偶像般看待。但在他内心里，他永远都忘不了辛迪亚在他耳边说的那句话："坚强点儿小不点儿，一切会好起来的。"

　　真实的世界有阴暗也有光明，现实的生活有高峰也有低谷。不完美的世界，不完美的人生，恰恰是一个富有的世界，一个值得挑战的世界。即使阴暗面再多，也并非世界的全部；即使黑夜再漫长，也终有黎明降临的那一刻。人生的可贵与不平凡，正因为那些不完美和缺憾的存在而闪亮。

第六章

要有所为，更要学会"有所不为"

1.执着过了分，就成了固执

在人的一生中，要遇到许许多多的选择，无奈的是，鱼和熊掌往往不可兼得。在把握命运的十字关口，我们要审慎地运用自己的智慧，做出最正确的判断，放弃无谓的固执，冷静地用开放的心胸去做正确的选择。

一对师徒走在路上，一个徒弟发现前方有一块大石头，他皱着眉头停在了石头前面。

师父问他："为什么不走了？"

徒弟苦着脸说："这块石头挡着我的路，我走不过去了，怎么办？"

师父说："路这么宽，你怎么不绕过去呢？"

徒弟回答道："不，我不想绕，我就想要从这块石头上迈过去！"

师父："可能做到吗？"

徒弟说："我知道很难，但我就要迈过去，我就要打倒这块大石头，我要战胜它！"

经过艰难的尝试，徒弟一次又一次地失败了。

最后，徒弟痛苦地说："连这块石头我都不能战胜，我怎么能完成伟大的理想呢？"

师父说："你太执着了，对于做不到的事，不要盲目地坚持到底，你要知道，有时坚持不如放弃。"

过分执着，就成了固执。要时刻留意自己执着的意念是否与成功的法则相抵触，但追求成功并非意味着你必须全盘放弃自己的执着，而来迁就成功法则。你只需在意念上做合理的修正，使之符合成功者的经验及建议，即可走上成功的轻松之道。

一个人理智地放弃他无法实现的梦想，放弃盲目的追求，是人生目标的重新确立，也是自我调整、自我保护的最佳方案。学会放弃，给自己另辟一条新路，往往会柳暗花明。

他是个农民，但他从小的理想是当作家，为此，他一如既往地努力着。10年来，他坚持每天写作500字。每写完一篇，他都会改了又改，精心地加工润色，然后充满希望地寄往各地的报纸、杂志。遗憾的是，尽管他很用功，可从来没有一篇文章得以发表，甚至连一封退稿信都没有收到过。

29岁那年，他总算收到了第一封退稿信。那是一位他多年来一直坚持投稿的刊物的编辑寄来的，信里写道："看得出你是一个很努力的青年，但我不得不遗憾地告诉你，你的知识面过于狭窄，生活经历也显得过于苍白。不过我从你多年的来稿中发现，你的钢笔字越来越出色了。"

就是这封退稿信点醒了他。他意识到，自己不应该对某些事坚持到底。于是，他毅然放弃写作，而练起了钢笔书法，果然长进很快。现在，他已是有名的硬笔书法家。

就这样，他让理想转了一个弯，继而柳暗花明，走向了成功。成功之后的他曾向记者感叹：一个人要想成功，理想、勇气、毅力固然重要，但更重要的是，人生路上要懂得舍弃，更要懂得转弯！

如果你以相当的精力长期从事一种事业，但仍旧看不到一点进步、一点成功的希望，那就不必浪费时间了，不要再无谓地消耗自己的力量，而应该再去寻找另一片沃土。目标是一种方向，需要恰当地选择。假如你的一个目标发

生了问题，应当马上更换一个目标，这样才能挖掘你自己
的潜力。

放弃，并不是让你放弃既定的生活目标，放弃对事业的
努力和追求，而是放弃那些已经力所不能及、不现实的生活
目标。任何收获都需要付出代价，付出就是一种放弃。

放弃不是退缩和隐藏，而是教你如何在衡量自己的处境
后有的放矢，聪明睿智地做出正确的选择。

2.怕什么来什么，输不起就别玩

日常生活中，我们常常会犯患得患失的错误。面对一个
机会，明明是平日里非常想要得到的，但是在难得的机会面
前，我们却逃避了，害怕了，不想承担，完全忘记了自己以
往想念时候的苦闷，既不能坦然面对"失"，又不能豁然正
视"得"。

《圣经》中有一个约拿的故事。约拿是一个非常虔诚的
基督徒，他一直都希望可以得到神的重用。然而，上帝却好
像忽视了他，一直没有给他任务。为此，约拿常常觉得怅然
若失。一天，上帝终于满足了约拿的愿望，给了约拿一个任
务，让他去宣布赦免一座本来要被毁灭的城市尼尼微城。可

是，对于这个崇高而且是自己一直都想要得到的使命，约拿却害怕、犹豫了。他觉得自己不行，他没有信心扛起这个一直都想得到的"心愿"。于是，约拿逃跑了，他放弃了这个任务，抗拒他一直都敬仰的神所安排的任务。上帝到处寻找他，惩戒他，不断地唤醒他……约拿几经反复和思考，终于战胜了心中的矛盾，出色地完成了任务。

在现实生活中，或许我们也会像约拿那样，不能坦然地看待事情。我们总是太在意事情外在的东西，过多地沉浸在自己的内心世界，肆意驰骋，纵使已经和现实脱轨，也不愿走出来，不愿正视事实。纵使我们知道自己的这种心理是不正确的，却也无法战胜。我们就和约拿一样，既害怕得不到，也害怕得到。

可是，在上帝的感召和引导下，约拿最终战胜了自己的畏惧心理，战胜了自己患得患失的心理，取得了成功。所以，我们也可以丢掉自己患得患失的心理包袱，勇敢地面对人生世事。

只要摆正自己的位置，忠于内心的声音，患得患失就将不复存在。

从前，有一个名叫后羿的人，他箭法精准，能够百步穿杨，而且不管是立射、跪射还是骑射，他的箭几乎从没偏离过靶心。人们都非常佩服他，后来，他"神射手"的名号传到了夏王的耳朵里。

一天，夏王将后羿召进宫中，想亲眼看看他的精彩表演。后羿被带到了夏王御花园的开阔地，那里设有一个一尺见方、靶心直径一寸的兽皮箭靶。

这对后羿来说根本不算什么。可是，就在后羿准备射箭的时候，夏王说："为了给这次表演增加一点竞争气氛，我来给你定个赏罚规则。如果先生能够射中，我就赏赐你万两黄金；但是如果你射不中，那就会减你一千户封地。"话毕，往日沉稳、镇定的后羿发生了几分变化，脸色凝重，心慌意乱。他沉重地取出一支箭，犹豫上弓，慢慢举起，摆好姿势，拉弓，瞄准。可是，后羿却良久不射，想到自己这一箭的关键性，他拉弓的手也变得不自信了，微微颤抖；瞄准的眼睛也不够闪亮，怅然失神；原本坚定的心也开始摇摆，乱了节奏……

"啪"的一声，后羿失手了，箭离靶心几寸远，糟透了。第二箭，更是偏得离谱。后羿勉强赔笑，告辞离宫，心中无限失落。

夏王也非常失望，本想欣赏百步穿杨的精彩画面，谁知后羿的表现却大失水准。

夏王的大臣解释道："后羿平日射箭，随心而射，一颗平常心让他百射百中。可是，今天他的行为却攸关切身利益，所以影响了神射的技术。看来，人只有真正将外在利益看淡，才可成为名副其实的神射手啊！"

当我们面临对自己非常重要的事物时，通常都会因过分在意结果而导致不能发挥出平日应有的水平，甚至大失水准。

患得患失既是一个人成功的大忌，也是一个人幸福生活的大忌。一旦我们产生患得患失的心理，就会忧心忡忡，不知所措；一旦我们产生患得患失的心理，就不可能用平常心对待，这样当然难有所为。

人们常说：输不起，就别玩。可是，人生的道路不可能让我们选择不玩，所以，我们必须要输得起。只有输得起，人生路才能走得更好，才能玩得更快乐。

拥有了输得起的心态，你就能看淡一切，一心一意地做自己的事情，如此，输了也不怕，输了也可以站起来。现任国家射击队总教练的王义夫曾说："我们都是在成败的反复交替当中成长起来的。我输得起，输得起就赢得起。"

人生就像一场赌局，只有输得起的人才敢于挑战精彩的人生，才不会畏畏缩缩地对待成败，才能够承受来自各个方面的压力，才能够更从容地应对一切，保持清醒的头脑，不管是面临挑战还是面对失败，都可以"赢"得人生。

在比赛场上，如果输赢心思太重，就会影响发挥，让人变得缩手缩脚、心理失衡，这样很难取得好成绩。赛场上，比的不光是你的技术，还有你的心态。越是渴望胜利，越是赢不了。输不起的人，永远也不能潇洒地赢。

2004年雅典奥运会，由于李小鹏脚上有伤，中国男子体操队小将均被委以重任。滕海滨就是其中之一，他像前辈扬威一样担任了4项重要的任务。可能是由于压力过大，得失心太重，滕海滨在自己的前3个项目中每每失误，造成了严重的后果，使中国男子体操团队卫冕冠军无望。面对记者的采访，滕海滨显得非常无奈和黯然神伤，他也深深自责地说道："我一个人的失误导致了整个团体的失败，使我们团体4年的努力付诸东流，我感觉很对不起他们。"

看到重压下的队员，教练黄玉斌没有责怪什么，因为他懂得滕海滨的失误是由多种原因造成的，其中最重要还是因为他的好心办坏事：太想成功，太想弥补前一场的失误。于是，教练想方设法帮他调整心态，费尽心机帮他走出"输"的阴影。最终，滕海滨不负所望，恢复了信心和平常心，潇洒、利落地完成了第4项鞍马比赛。由于他整套动作完美流畅，征服了裁判，得到了9.837的高分，超过了3届世锦赛冠军罗马尼亚老将乌兹卡，得到了他体操生涯中的第一块奥运金牌，也是中国体操队在雅典奥运会上的第一块金牌。据悉，帮助滕海滨走出失误、自责阴影和建立无穷信心的法宝是教练无限重要的3个字：放开打。

是的，放开打。当我们太看重得失，就会走入心理误区和状态死角，很难潇洒自如地做动作，冷静地思考问题，专心地做自己。这样，我们要面临的就一定是失败。但是，失败并不是真正的结果。世间有结果，也没有结果。漫漫人生路，我们不能够沉浸在失败的阴影中不能自拔。面对比赛时，平常心就好；当我们输了，不要再输就好。只有我们拥有输得起的精神，才能不被打倒。

"怕什么，来什么。"或许就是这个道理。切记：不怕输，才能够更好地赢。勇敢地面对"患得患失"，并想方设法克服它，只有这样，你才能有所作为！

3.只有宽容才是让你重新释怀的路径

仇恨非但不能抚平我们曾经受到的创伤，还会让我们整日沉浸在痛苦的深渊里，无法自拔。如果憎恨的情绪持续在心里发酵，我们的生活会变得一团糟，有时甚至会做出极端的行为，从而造成无法挽回的过错。

"冤冤相报何时了，得饶人处且饶人"，如果我们能让放下仇恨，忘记曾经的不幸，用宽容的态度来对待曾经伤害过我们的人，就可以防止伤害继续扩大，我们的生活状态也会变得轻松很多。

古希腊神话中有这样一则故事：

一个行人在路上走着，不经意踢起了路边一个小球，哪知这小球越踢越大。路人顿时觉得非常蹊跷，就不断地踢，最后，这个小球居然一直膨胀，直至顶天立地。路人畏惧不已，不知道这个小球是何妖魔。

这时，雅典娜女神出现了，告诉他，这个小球叫"仇恨"，如果你不去碰它，它会一直呆在那里，安然无事；但如若它遇到不断撞击，就会加剧膨胀，一发而不可收。

仇恨的"小魔球"不是在你成长的路边，而是躺在了心中。每当你看到一件让你觉得可恨的事情，心中的"小魔球"就会疯了似的膨胀，直至堵塞了你心灵天空，最终爆炸，伤人伤己。

宽恕不仅是对别人的包容，更可以使自己得到解脱。我们没必要为了惩罚对方，而让自己沦为心灵被俘虏的囚犯。

曾经有3位前美军士兵站在华盛顿的越战纪念碑前。其中一个问道："你已经宽恕了那些抓你做俘虏的人吗？"第二个士兵回答："我永远不会宽恕他们。"第三个士兵评论说："这样，你仍然是一个囚徒！"

显然，第二个士兵还没有放下心中的仇恨，仇恨还在折磨着他。

其实，不宽恕别人就是不放过自己。拒绝宽恕一种罪恶，正是这种罪恶存在的根基，谁敢说如果再有一次这样的战争，第二个士兵不会用同样的方法对待敌人呢？拒绝宽恕罪恶，只会导致罪恶的延续，从而造成更多的伤害。

面对他人对自己的各种伤害、诋毁，我们一般会认为，每个人都应该为自己所犯的错误付出代价。然而，念念不忘过去的伤害，并不能把我们从伤害的阴影中解救出来，反而会让痛苦像魔鬼一样如影随形。避免痛苦的最好办法，就是宽恕曾经伤害我们的人。

热带海洋中有一种奇异的鱼，名叫紫斑鱼。紫斑鱼的奇异之处就在它全身遍布针尖似的毒刺。在它攻击其他鱼类时，它越是"愤怒"，越是满怀"仇恨"，它身上的毒刺就越坚硬，毒性就越大，对受攻击的鱼类伤害也就越深。但同时，它越是"愤怒"，越是满怀"仇恨"，它的毒刺攻击得越毒越狠，对别的鱼类伤害越深，对自己的伤害也就越深，因为它心中的"怒火"在烧毁别人的同时，也在烧毁自己，使自己五脏俱焚，一命呜呼。

世间万物，被自己所伤的，败给自己的，又岂止紫斑鱼？那些总是满怀仇恨的人，那仇恨之火不也在伤害他们自己吗？

面对你的爱人、亲人、朋友，甚至邻居，抑或是路上遇见的一个陌生人，当他们伤害了你，当看到他们犯下错误时，你怒不可遏地面对他们，只能让你满肚子怨气。但如果你能用平和的语气、真挚的言语，微笑对待他们的过失，你就能拥有一颗豁达、开阔的心，你内心的伤痕也将慢慢抚平。

原谅别人的过错是不易的，但有时你计较得越多，失去的也就越多。只有宽容对待，才能将自己受伤的心缝补起来，不去计较才能坦然面对。事已至此，再怎么仇视愤恨都无济于事，只有宽容才是让你重新释怀的路径。

4.时刻防止自己心中的妒意抬头

何谓嫉妒？心理学家认为，嫉妒是由于自己的才能、名誉、地位或境遇被他人超越，或彼此距离缩短时，所产生的一种由羞愧、愤怒、怨恨等组成的情绪体验，是心胸狭窄的共同心理。哲学家黑格尔说："嫉妒乃平庸的情调对于卓越才能的反感。"

两只老鹰，一只飞得很快，一只飞得很慢。飞得慢的那只老鹰非常嫉妒那只飞得快的。

一次，飞得慢的老鹰对一个猎人说："前面有只飞得很快的鹰，你快去用箭射死它。"

猎人说："可以的，只是我的箭上缺少一根羽毛，能不能拔下你身上的一根？"

飞得慢的老鹰说："没问题！"它拔下一根丢给猎人，但猎人却没能射中飞得快的那只鹰。

猎人说："再拔一根如何？"

飞得慢的老鹰说："好！"之后又拔一根，但猎人仍旧没射中。

就这样，一箭一箭地射去，鹰毛也一根一根地拔下，最后，飞得慢的老鹰身上的羽毛都被拔完了，无法再飞，最终成了猎人的猎物。

嫉妒之心会扭曲人的心灵，改变人的心态。嫉妒严重时，人会费尽心思地算计别人，千方百计地挤兑别人，用尽心机地迫害别人。嫉妒之心会让他不择手段，心灵会变得肮脏不堪，看到别人比自己好，内心就不平衡，仿佛有千万条罪恶的虫子在撕咬一般难受。渐渐地，嫉妒之心就会变成罪恶之心，人们会因为嫉妒而失去本该有的善良，变得像魔鬼一样可怕。

姜欣大学毕业后顺利考上了公务员，不久与在机关单位工作的同事结了婚。两个都是端铁饭碗的小夫妻，让人羡慕不已。

可是，一天逛街，姜欣看见了大学同学梅芳芳，之后她便一直闷闷不乐。在学校的时候，姜欣跟梅芳芳的关系不错，两人条件差不多，成绩也不相上下，但毕业后就渐渐失去了联系。

这次，她看到的梅芳芳今非昔比，对方开着宝马车，戴着一副墨镜，看起来很优雅。本来自我感觉良好的姜欣，心里突然感觉酸酸的。

接下来，又一次无意中，她在购物中心碰到了梅芳芳，当时，她正在试穿一件裘皮大衣。那件衣服典雅大方，但无论是工艺、材质还是价格，都是姜欣可望而不可及的。"给我包起来吧，试过的衣服，我都要了！"姜欣进去跟她打招呼的时候，正碰上梅芳芳这样对店员说，姜欣被深深地打击到了。

随后，梅芳芳邀请她去家中做客，姜欣拒绝了，因为她总觉得自己在梅芳芳面前有一种灰溜溜的感觉。

回家后，她越想越不是滋味，本来大家都在同一起跑线上，现在却有着天壤之别，沮丧、烦恼、失落突然间占据了她的心。

接下来的日子里，姜欣的眼前总有梅芳芳的影子。她也不知道自己为什么会突然对梅芳芳的隐私特别感兴趣。终于，她发现了一条令自己很得意的线索：梅芳芳以前被一个已婚的台湾商人包养，由于商人的妻子大打出手，便结束了包养关系，现在做生意的这些资本估计是那个时候的补偿费。

从此以后，只要见到大学同学，姜欣都会很八卦地把自己对梅芳芳的分析讲给同学们听，甚至口出恶言："她有什么可神气的，不就是把自己卖了，挣了点儿钱吗？"

一时间，关于梅芳芳的流言在同学之间传开了。每当姜欣听到这些流言，心里就会得到些许的平衡。

一些人之所以嫉妒别人，一个重要的原因是自己不求上进，又怕别人超过自己，似乎别人的成功就意味着自己的失败，最好大家都成矮子才能显出自己的高大。嫉妒心是一种十分有害的腐蚀剂，这些人的骨子里充满了"怠"与"忌"，对己、对他人、对社会的发展都是十分有害的，正如荀子所说："士有妒友，则贤交不亲；君有妒臣，则贤人不至。"

莎士比亚说过："您要留心嫉妒啊，那是一个绿眼的妖魔！"嫉妒是损人不利己或者损人又损己的恶魔，它在你心里的存在就是你人生失败的威胁。

我们必须时刻防止自己心中的妒意抬头，注意克服嫉妒之心，使自己不至成为妒性操纵下的害人者和被害者。当嫉妒心理萌发时，我们要正确认识自己，客观、冷静地分析自己的不足和别人的长处，找出差距和问题，从而积极主动地调整自己的意识和行为。

5.饥来吃饭，困来即眠

现代人背负着各种压力，不是忧虑就是烦恼，很难品味到静的清芬与愉悦，整日浮躁不堪，不仅影响我们平静的思考，也失去了生活的乐趣。想要从这样的状态中走出来，就要放开胸怀，静下心来，享受生活的原味。毕竟，唯有宁静的心灵才不眼热权势显赫，不奢望金银成堆，不祈求声名鹊起，不羡慕美宅华第……所有的这些只能加重生命的负荷，加速心灵的浮躁，而与豁达康乐无缘。

一天，有源禅师去拜访大珠慧海禅师，请教修道用功的方法。

他问慧海禅师："和尚，您也用功修道吗？"

禅师回答："用功！"

有源又问："怎样用功呢？"

禅师回答："饿了就吃饭，困了就睡觉。"

有源不解地问道："如果这样就是用功，那岂不是所有人都和禅师一样用功了？"

禅师说："当然不一样了！"

有源又问："怎么不一样？不都是吃饭、睡觉吗？"

禅师说："一般人吃饭时不好好吃饭，有种种思量；睡觉时不好好睡觉，有千般妄想。我和他们当然不一样。"

的确，我们经常思前想后、辗转难眠，醒时害怕失眠，眠时害怕噩梦缠身，总是心神不宁，寝食难安，每日愁眉苦脸，惶惶不可终日。

正如慧海禅师所说，用功之道在于"饥来吃饭，困来即眠"，只是我们常常"吃饭时不肯吃饭，百种思索；睡觉时不肯睡觉，千般计较"。

有一个小和尚，因为师兄师弟们老是说他的闲话，他为此感到非常苦恼。念经的时候，他的心还在那些闲话上，而不是所念的经文上。

这天，他实在无法忍受，就跑去找师父告状："师父，师兄师弟们老说我的闲话。"

"是你自己老说闲话。"师父双目微闭，缓缓说道。

"他们多管闲事。"小和尚不服地辩解。

"不是他们多管闲事，是你自己多管闲事。"师父仍然没有睁开眼睛，平静地说道。

小和尚又说："他们瞎操闲心。"

师父说："不是他们瞎操闲心，是你自己瞎操闲心。"

"我管的都是自己的事啊！师父为什么这么说我呢？"

"操闲心、管闲事、说闲话，那是别人的事，别人说别人的，与你何干？而你不好好念经，老想着别人操闲心，难道不是你自己在操闲心吗？老管别人说闲话的事，难道不是你自己在管闲事吗？老说别人说闲话，难道不也是你自己在说闲话吗？"

师父话音未落，小和尚已经茅塞顿开。

我们阻挡不了别人的闲言碎语，但可以对这些闲话采取豁达和漠视的态度，这样，我们的生活便能轻松自如。

古人说："知事少时烦恼少，识人多时是非多。"凡是对清净心有妨碍者，都要远离。反之，心就迷了。

在日常生活中常发现自己的过失，就是开悟，悟了才能改过自新。自己有过失而自己不知道，有人说自己的过失，若是修行人，马上便会向此人恭敬顶礼，迷惑的人听了则会发脾气。身是假的，心是真的。身比作佛堂，心比作佛像，心不可动。一个人独处也是如此，在热闹场面心仍不动，赞叹毁谤亦不放在心里，心永远是定的。

净空法师在《弘一法师晚晴集讲记》里进一步解释说：

"修行人心中无事叫真工夫。体究自己本命元辰端的处，即是参究父母未生前的本来面目，也就是随时提起正念工夫。就净宗说，就是时时刻刻提起一句佛号，历历分明，不夹杂，不间断。心中无事就不夹杂，净念相继就不间断。一旦我们达到了这种境界，就能在任何场合下，保持最佳的心理状态，充分发挥自己的水平，施展自己的才华，从而实现完美的'自我'。"

6.命里有时终须有，命里无时莫强求

我们常说，命里有时终须有，命里无时莫强求，但事到临头，我们不是倒向"莫强求"的消极念头，就是倒向"不松手"的执着顽固。

从前，在一片茫茫沙漠中有一个小村子，村中的人们守着一片绿洲过了几千年。偶尔，当沙漠中风沙四起，或者绿洲干涸时，村里的人便会遭受巨大的折磨。一代又一代人抱怨着上天的不公平，却从未尝试从这里走出去，他们一直留在原地，并且固执地相信这片沙漠是走不出去的。

有一天，村子里来了一位云游四方的老禅师，人们围住他劝他不要再继续往前走了，他们说："这片沙漠是走不出去的，我们祖祖辈辈都在这里，你就不要再去冒险了！"

老禅师问："你们在这里生活得幸福吗？"村民们说："虽然环境有些险恶，但也没有什么不可忍受的。没有幸福，也没有不幸福。"

老禅师又问："那么你们有没有尝试走出这片沙漠呢？你们看，我不是走进来了吗？那就一定能走出去！"村民们反问："为什么要走出去呢？"老禅师摇摇头，拄着拐杖继续上路。他白天休息，晚上看着北斗星赶路。三天三夜之后，他走出了村民们几千年也没有走出的沙漠。

村民们接受了命运的安排，默默地承受着恶劣环境的折磨，甚至没有动过改变这种现实的念头，几千年来日复一日地过着相同的日子。"哀其不幸，怒其不争"，老禅师之所以摇头也正是为此。

正如弘一大师劝解世人时所说的那样："世界上，根本没有过不去的事，只有过不去的心。"有时候，过不去的心表现为不去努力争取本来可以做到的事，而是随波逐流，空耗余生；还有时候，过不去的心表现为不愿意放弃我们曾经拥有的东西，比如财富、爱情……

有一个关于前世今生的故事。很久以前，有个书生和未婚妻约好，在某年某月某日结婚。可到了那一天，未婚妻竟嫁给了别人。书生受此打击，一病不起。家人用尽各种办法都无能为力，只能无奈地看着他奄奄一息，行将远去。

这时，一个云游僧人路过此地，在得知情况后，僧人决定点化一下书生。他来到书生的床前，从怀里摸出一面镜子让他看。书生看到茫茫大海边，一名遇害的女子一丝不挂地躺在海滩上。路过一人，看一眼，摇摇头，离开了；又路过一人，看了看，将自己的衣服脱下来给女子盖上，但站了一会儿就离开了；又一位路人走来，挖了一个坑，小心翼翼地将尸体掩埋。书生正在疑惑间，忽然看到画面切换：洞房花烛夜，自己的未婚妻被她的丈夫掀起盖头。书生不明所以，迷惑地望向僧人。

僧人解释说："海滩上的那具女尸，就是你未婚妻的前世，你是第二个路过的人，曾给过她一件衣服，她今生和你相恋，只为还你一个情。但她要报答一生一世的人，是最后那个把她掩埋的人，那个人就是她现在的丈夫。"书生大悟。

尘世间的一切，都是无数因缘聚合而成的，我们既要有追求的勇气，也要有懂得放手的睿智。美国神学家尼布尔有一句有名的祈祷词："上帝，请赐给我们胸襟和雅量，让我们平心静气地去接受不可改变的事情；请赐给我们力量去改变可以改变的事情；请赐给我们智能，去区分什么是可以改变的，什么是不可以改变的。"

当你碰到突如其来的灾难时，如果已成事实，那就坦然、从容地接受它。接受现实并不等于束手接受所有的不幸，只要有任何可以挽救的机会，我们就应该奋斗。

Part 3

精神极简

——给虚胖的欲望瘦瘦身

第七章

即使没有朋友圈，你也过不好这一生

1.往"比你高"的人身边站

成功是一个磁场，失败也是。一个人生活的环境，对他树立理想和取得成就有着重要的影响。周围的环境是愉快的还是不和谐的，身边有没有贵人经常激励你，常常关系到你的前途。

所以，要想"抬高"自己的价值，就必须往"比我们高"的人身边站。

　　谢方瑜是一名普通的办公室文员，她出生于一个蓝领家庭，性格比较内向，不怎么喜欢主动结交朋友。经常和她在一起的几个朋友也同她一样，都是一些为了生活而到处奔波的打工者。为此，谢方瑜时常感到郁闷，为什么自己和朋友永远都只能做一个打工者呢？

　　在谢方瑜的公司里，和她一个部门的田丽丽是一位很优秀的经理助理，而且拥有许多非常赚钱的商业渠道。她成长在富裕的家庭中，而且，她的同学和朋友都是学有专长的社会精英。相比之下，谢方瑜与田丽丽的世界根本就是天壤之别，所以在工作业绩上也无法相比。

　　因为刚来公司不久，谢方瑜不知道该如何与来自不同背景的人打交道，所以没什么人缘。一个偶然的机会，谢方瑜参加了某项职业能力提升培训，这次进修让她知道，原来自己之所以一直这样"默默无名"，与自己所结交的人有很大的关系。

　　她回家后仔细地分析了一下，自己和那些姐妹们在一起不是抱怨生活，就是抱怨自己的命运有多么坎坷。那些朋友通常也和她一样，常常为了一点事情就沮丧不已。真正遇到困难时，彼此之间却因为能力有限而帮助不了对方。

　　从那以后，谢方瑜开始有意识地和田丽丽联系，并且和田丽丽建立了良好的私人关系。私下里，她通过田丽丽认识了许多精英人士，这为她的事业开启了新的篇章。

　　也许，很多人会说，如果带着这种"有色眼镜"看人，未免太过势利。但你要知道，如果你平常只知结交一些一无是处的朋友，他们只会接受你给他的帮忙，而在你处于困境时，对方却因为自身能力有限无法帮助你，这时等待你的结果只能是失败。所谓"近朱者赤，近墨者黑"，如果一个人总是在一些小圈子里面混，他将永无出头之日。

谈到"股神"巴菲特，人们总是津津乐道于他独特的眼光、独到的价值理念和不败的投资经历。其实，巴菲特的成功除了得益于他的投资天分，也和他有意识地寻找贵人分不开。

巴菲特原本在宾夕法尼亚大学攻读财务和商业管理，在得知两位著名的证券分析师——本杰明·格雷厄姆和戴维·多德任教于哥伦比亚商学院后，他便辗转来到哥伦比亚大学，成为了"金融教父"本杰明·格雷厄姆的得意门生。

大学毕业后，为了继续跟随格雷厄姆学习投资，巴菲特愿意不拿报酬，直到将老师的投资精髓学到后，他才出道开办自己的投资公司。

要有主动寻找贵人的智慧，更要具备得贵人相助的才能。想要通往财富之路的你，学学巴菲特的"寻贵"精神吧！在接触和寻找的过程中，要遵守以下原则。

（1）放下自卑，主动出击

贵人不会自己走到你身边来，你需要积极主动地去寻找贵人、接近贵人。可能你会想，自己既没有钱，又没有权，才能一般，相貌普通，怎么才能走到贵人身边呢？

放下自己的那点自卑，主动去接近贵人！没有人会拒绝对自己有好感的人，所以，只要你礼仪周到、不卑不亢，有自己的风格，有独立的人格，贵人就不会拒绝与你结交。要知道，那些贵人比普通人更需要真诚的朋友。他们已经有足够多的谄媚讨好者了，所以，你只要有最起码的尊重和礼貌，有对对方最真诚的认可和崇拜，你们一定会有不错的交流。

（2）积极参与社交

结交贵人，在自己的人脉网上放几张大牌，有一个重要的前提，就是要认识更多的人。如果我们每天只活在既定的圈子里，那么你这个圈子里的贵人肯定寥寥无几。只有拓宽交往渠道，积极参与社交活动，扩充人脉网络，你才能有更多的机会去认识贵人、结交贵人，进而获得贵人的帮助。

当然，很多人说，面对一些陌生的面孔，心里会很紧张，而且在那种场合往往觉得自己很卑微。在陌生的环境中，不舒适的感觉当然会有，但"一回生，两回熟"，打起精神来，度过你的恐惧期，你一定会成为新的社交圈里的常客。

2.不能向敌人说的话，也不能向朋友说

哲学家叔本华说："不能向敌人说的话，也不能向朋友说。"很多人都有被人出卖的经验，这个人可能是你的合伙人、同事、朋友，甚至亲人。有时，越是亲密的关系，出卖的情况越有可能发生，就连耶稣也未能逃脱被门徒出卖的命运。

前不久，小张抱怨说自己被同事出卖了。

他和同事两个是一同进的公司，工作表现也差不多。面临严峻的经济形势，公司有裁员的打算。因为他们是好朋友，所以无话不谈，在一次吃饭的时候，他对同事说："最近人心惶惶，一点也没有工作的心思，这几天，我都是靠玩游戏来打发时间。"

同事非常好奇地问："难道不怕被老板发现吗?"

小张沾沾自喜地说自己有妙招："我打的是隐蔽性极强的巨人游戏。"

结果，他的同事为了保住自己的饭碗，将这件事告诉了上司。某天，就在小张玩游戏玩得正酣时，老板出现在了他的身后。铁证如山，他无言以对，只能看着愤怒的老板离开的背影，等待被裁的消息。

如果说社会底层的人为了生存而做出出卖之事，尚且

情有可原，那么，那些位高权重者欲壑难填，出卖集体和国家利益，则让人觉得心寒。

实际上，不管是何种情境下的出卖，其出卖行为的本质并没有什么不同，那就是一切从自己的利益角度出发。与面临生死时为了求生而出卖相比，更多的是面对利益诱惑时的出卖，这种人是极其可怕的自私自利的小人。在他眼里，没有什么不能出卖，亲情、友情、爱情、集体利益、国家利益……与这样的人共事，若不能看穿他的本质，早晚会被他出卖。

常言说得好，害人之心不可有，防人之心不可无。要提防那些只顾个人利益而忽视集体利益的人，不要被其利用或伤害。除了谨慎选择朋友之外，还要注意谨言慎行。说者无意，听者有心，也许你不经意的话语会被别人拿来当作话柄或话题，一有机会，便会将你出卖。所以，还是离这种人远些的好。

3.酒肉朋友不过是路人甲

酒肉朋友再多也无益处，无非吃喝玩乐，遇到难事，这样的人根本不会帮你。

孙莹能写一手好文章，因此在单位里得了个"才女"的称号，一般领导要写个总结、提案什么的都会找她。有一天，孙莹正在做自己的财务报表，领导说下午3点之前急需3份不同的文字材料，让她及时赶出来，但是一看时间现在已经是上午10点多了，铁定是做不完的。无奈之下，她只好拨通了一位朋友的电话求助，这位朋友是家杂志社的编辑，是个爽快人，听此情况后二话没说就来了。

中午11点左右，这位朋友带着他的一位朋友如约来到孙莹的办公室。一番介绍后，他们就开始天南地北地胡侃，从金融危机到世界政坛，从古希腊文明到历史渊源，从甲骨文的鉴别到第四代简化字的使用，孙莹一面陪着漫天胡侃，一面瞅着墙上的挂钟咔哒、咔哒不停地转，心里急得直冒火，但也无法发作。转眼半个小时过去了，孙莹看出这位朋友没有走的意思，便心一横问道："两位想吃点什么？"这位大笔杆子也不客气："都是好朋友嘛，就近就简吧！"

于是，孙莹就在附近找了个饭店招待他们。几番推杯换盏后，孙莹的朋友越喝越兴奋，抄起电话一通拨打。就这样你找三个我找两个，不多时，便由原来的三人"小聚"变成了五六个人的"团聚"，又由原来的六人团聚变成了十来个人的"大聚"。大家彼此间有熟识的，也有陌生的，通过朋友引荐后，便以酒开道、以酒会友，这酒喝起来也就没数了。虽说是一次难得的朋友聚会，无奈孙莹仍有3份材料压在身上，本想找朋友帮忙，不想材料一个没有推出去还浪费了不少时间，这种情形下，她无心继续恋战，便匆匆结账告辞。回到办公室后，她迅速查找资料，飞速转动脑神经，用最快的速度、最高的效率在规定的时间内交上了全部材料，这才长长地舒了口气。这时，她想起了在饭店的朋友们，打电话过去，这些朋友们还在饭店里觥筹交错，而此时已经下午3点了。

有一类人每天游走于各类酒场，交着不同的朋友，朋友越积越多，数量越来越大，而真正"沉淀"下来的却没有几个。等真正需要帮助的时候，把电话号码簿从头翻到尾，竟然一个可以帮上忙的朋友也找不出来，这就是酒肉朋友的悲哀。

其实，结交酒肉朋友就像超速行驶在高速公路上，而超速行驶的车子也许遇到一丁点状况都可能车毁人亡。换言之，友谊需要经营，但不用刻意追求，否则你认定的酒肉朋友因某事达不到你的期望值时，你将会因此而痛苦不堪。所以，切不可以结交酒肉朋友为荣，更不要以之为交友准则。

每个人都希望朋友能够在危难之刻对自己不离不弃，而不是一遇危险便鸟飞兽散。"朋友"是一个美好的字眼，请不要让酒肉之交玷污了朋友的真谛，那样的人并不是你的朋友，只不过是结伴娱乐的过路人罢了。

4.既然来了，点个赞再离开

在中国这个"熟人社会"里，人与人之间产生冲突的最基本原因除了利益之外，就是面子问题。不给别人面子就等于伤别人自尊，亲密朋友甚至可能因此反目成仇。所以，无论何时，我们都要维护别人的面子，"打人莫打脸，说话莫揭短"。

史坦恩梅兹在电器方面是个天才，他在担任通用公司电器部门的主管时，把部门管理得井井有条，公司的销售额不断上升。不久，他被升任为通用公司计算机部门的主管。然而，这一次他却遭到了彻底的失败。看着计算机部门糟糕的业绩，通用高层领导心急如焚，但他们不愿对史坦恩梅兹有所冒犯，毕竟他为公司做出了贡献，而且，公司绝对不能缺少这样一个人才。

通过最后的协商，他们想到了一个绝妙的办法，既能让敏感而又自尊心极强的史坦恩梅兹愉快地接受工作调动，又不会对他的自尊心造成什么打击。

通用公司下了一纸命令，决定在公司内部成立一个新的部门——通用电器公司顾问部。史坦恩梅兹担任"顾问总工程师"，并且兼任部门主管，史坦恩梅兹对这一调动很高兴，他愉快地接受了这一任务。

每个人都有自尊心，都不愿在别人面前丢面子，所以，要想说服别人，就必须针对这一实际状况采取办法，在交际中留有余地，不要把话说得太绝。

洛克菲勒是美国石油大王，他曾经有一位同事名叫贝特福特，他既是洛克菲勒的合作者，也是他的下级。

有一次，贝特福特独自负责一桩南美的生意，但他非常不幸地失败了，而且输得特别惨。贝特福特自认为实在没脸再见洛克菲勒，他猜测下一次再开董事会时，洛克菲勒一定会毫不客气地批评他，为此，他的心一直紧绷着。

这天，公司的董事会如期召开。贝特福特硬着头皮来到会议室，他等着洛克菲勒的批评，而且已经做好了充分的思想准备。

洛克菲勒开始讲话："贝特福特先生。"

贝特福特心里一阵发紧，他最担心的事情还是不可避免地发生了。

"首先，我可以肯定你在南美确实做了一件不成功的事情。但是，"洛克菲勒的语气变得亲切、缓和，"大家知道你已经尽力了，虽然这次失败了，但我相信在这件事情上没有人会比你做得更好，而且我们也正计划让你重整旗鼓。"

听到这一番话，贝特福特备感温暖，先前的抑郁一扫而光，他又重新找到了自信。在董事会上，洛克菲勒没有让他难堪，这让他非常感激。

其实，在我们身边，即使是被大多数人认为"无用"的人，也有自己的长处。他或许比别人差一点，却在某一方面潜藏着特长；他或许比别人笨拙，却也因此比别人更勤奋卖力。所以，不管对谁，都不能表现出嫌弃的态度，更不能伤到他的面子。

一天中午，查尔斯·施瓦布路过炼钢车间，发现有几个工人在抽烟，而在他们的头上就挂着一块写有"严禁吸烟"字样的牌子。这位老板会怎么教训他的伙计呢？痛斥一顿吗？不，老板深谙批评之道，他走到这些人面前，递给每个人一支雪茄烟，说："年轻人，如果你们愿意到别处去吸烟，我会很感谢你们的。"

工人们原以为会招来一顿斥责，结果老板不仅没有责骂他们，还送了每人一支雪茄。老板顾及他们面子的做法让他们感到惭愧。自此，他们对自己的上司更加敬重了。

每个人都会因为面子而与别人发生冲突，这是因为每个人都很在乎它。因此，在说服别人的时候，你也要尽量保全对方的颜面，只有这样，说服才有可能获得成功。就像在职场中，你想要改变同事已公开宣布的立场，首先要做的就是尽量顾全他的面子，使对方不至于背上出尔反尔的包袱。

5.永远让对方感觉到他的重要性

有个心理学家曾经说过，每个人的心里都有一个无意识的标签，就是希望别人尊重自己，感觉到自己的重要性。如果在有求于人或者与人沟通的时候懂得无形之间让对方感受到自己的重要性，那么，对方就会觉得自己受到了尊重，这样，谈起事情来就会顺利很多。

第一次世界大战战况十分惨烈，美国政府迫切需要看到和平的曙光，威尔逊决心为此而努力。他准备派遣一位私人代表作为和平特使，与欧洲军方进行协商、合作。国务卿勃莱恩一贯主张和平，而且他知道这是名垂青史的最好机会，所以他非常希望自己能够被威尔逊选中。但威尔逊却委派了他的好朋友赫斯上校。赫斯上校当然感到万分荣幸。但将这一消息告知勃莱恩又不触及他的自尊，却是一件十分棘手的事。

"当听说我要去欧洲做和平特使时，勃莱恩显然十分失望，他说他曾打算去做这份工作。"赫斯上校在日记中这样写道，"我回答说，总统认为其他人正式地去做这件事不大适宜，而派你去，则目标太大，容易引起注意，会有太多猜疑，为什么国务卿要到那里去？"

从赫斯上校的话中，我们可以听出一些弦外之音，他等于是在告诉勃莱恩，他太重要了，不适宜亲自去做这一工作。就是这么简单的一句话，使勃莱恩的虚荣心获得了满足。赫斯上校十分精明，他在处理这一事件的过程中遵守了人际关系中的一个重要准则：满足他人的虚荣心，永远使对方觉得自己很重要。

在社会交往中，获得尊重既是一个人名誉地位的显示，也是对他的品行、学识、才华的认可。无论是年长者还是年轻者、位尊者还是位卑者，每个人都期望别人能尊重自己。

拿破仑称帝时，他是如何安抚那些为他出生入死的将士的呢？

据说，他一共颁发了1500枚徽章给他的将士，赐封他的18位将军为"法国大将"，称他的部队为"王牌军"。

有人批评这是拿破仑给老练的精兵的一些"玩物"，而拿破仑回答说："人们本来就是被玩物所左右的。"

心理学家马斯洛认为，每个人都希望自己的能力和成就能得到社会的承认，这就是尊重的需要。它又可分为内部尊重和外部尊重。内部尊重是指一个人希望在各种不同情境中有实力、能胜任、充满信心、能独立自主。其实，内部尊重就是人的自尊。外部尊重则是指一个人希望有地位、有威信，受到别人的尊重、信赖和高度评价。所以，当你让对方感觉到他非常重要，给了他充分的尊重后，他会感觉很舒适，从而更容易接纳你，帮助你实现你的目标。

在大选来临之前，英国政治家玛格丽特·撒切尔夫人所在的保守党面临着一个难题——如何制止颓势？撒切尔夫人的解决办法是令人信服的，她说："我们只有一个办法，走出去，到选民中去，这样才能最终获胜。"

保守党的工作人员认为，和撒切尔夫人在一起搞竞选实在太累了，因为她总是在大街上东奔西跑，走家串户。一会儿在这家坐会儿，同房东交谈；一会儿又同那个握握手，或向坐着扶手椅的人问长问短；一会儿又到商店询问价格。大部分时间，她都带着秘书黛安娜跑来跑去。午饭时，她们就到小酒店和新闻发言人罗伊·兰斯顿以及委员会的其他成员一起喝啤酒。然后，她又去握更多的手，接见更多人。这样，撒切尔夫人身体力行地赢得了越来越多的拥护者，为竞选成功打下了坚实的群众基础。

撒切尔夫人为之所以能在大选中获得最终的胜利，就是因为她敏锐地捕捉到了尊重他人的重要性，尤其是对选举至关重要又曾被人忽视的普通选民。撒切尔夫人对他们发自内心的尊重，为她赢得了民众的善意和支持。

因此，在交际过程中，我们必须时刻提醒自己：永远让对方感觉到他的重要性，这样他才会助你实现目标。

6.雪中送炭胜过锦上添花

人的一生不可能总是一帆风顺，难免会碰到失利受挫或面临困境的情况，这时候最需要的就是别人的帮助，这种雪中送炭般的帮助会让人记忆一生。

在三国争霸之前，周瑜并不得意。他曾在军阀袁术部下为官，被袁术任命做过一回小小的居巢长。

当时，地方上发生了饥荒，年成既坏，兵乱间又损失很多，粮食问题变得日渐严峻起来。居巢的百姓没有粮食吃，就吃树皮、草根，很多人被活活饿死，军队也饿得失去了战斗力。周瑜作为地方的父母官，看到这悲惨情形急得心慌意乱，却不知如何是好。

这时，有人向他献计，说附近有个乐善好施的财主叫鲁肃，他家素来富裕，想必一定囤积了不少粮食，不如去向他借。于是，周瑜带上人马登门拜访鲁肃。寒暄完毕，周瑜就开门见山地说："不瞒老兄，小弟此次造访，是想借点粮食。"

鲁肃一看周瑜丰神俊朗，显而易见是个才子，日后必成大器，顿时生出了爱才之心。他根本不在乎周瑜现在只是个小小的居巢长，哈哈大笑说："此乃区区小事，我答应就是。"

鲁肃亲自带着周瑜去查看粮仓，这时鲁家存有两仓粮食，各三千斛，鲁肃痛快地说："也别提什么借不借的，我把其中一仓送与你好了。"周瑜及其手下一听他如此慷慨大方，都愣住了。要知道，在如此饥荒之年，粮食就是生命！周瑜被鲁肃的言行深深感动，两人当下就结成了朋友。

后来，周瑜受到孙权重用，当上了将军。他牢记鲁肃的恩德，将他推荐给了孙权，鲁肃终于得到了干事业的机会。

鲁肃在周瑜最需要粮食的时候送给了他一仓，这就是所谓的雪中送炭。

在生活中，很多人总是在别人不是很需要的时候拉上一把，却没想到，锦上添花远不如雪中送炭。当他人口干舌燥之时，你奉上一杯清水，这胜过九天甘露；大雨过后，天气放晴，你再送他人雨伞，又有什么意义呢？

晋代有一个人叫荀巨伯，有一次他去探望卧病在床的朋友，而当时恰好敌军攻破城池，烧杀掳掠，百姓纷纷携妻挈子，四散逃难。朋友劝荀巨伯："我病得很重，走不动，活不了几天了，你自己赶快逃命去吧！"

荀巨伯却不肯走，他说："你把我看成什么人了，我远道赶来，就是为了来看你，现在，敌军进城，你又病着，我怎么能扔下你不管呢？"说着便转身给朋友熬药去了。

朋友百般苦求，叫他快走，荀巨伯却专心给他端药倒水，并安慰他说："你就安心养病吧，不要管我，天塌下来我替你顶着！"这时只听见"砰"的一声，门被踢开了，几个凶神恶煞般的士兵冲了进来，冲着他喝道："你是什么人，如此大胆，全城人都跑光了，你为什么不跑？"

荀巨伯指着躺在床上的朋友说："我的朋友病得很重，我不能丢下他独自逃命。"并正气凛然地说："请你们别惊吓了我的朋友，有事找我好了。即使要我替朋友而死，我也绝不皱眉头！"

听着荀巨伯的慷慨言语，看着荀巨伯的无畏态度，敌军士兵很是感动，说："想不到这里的人如此高尚，怎么好意思侵害他们呢？走吧！"之后，敌军便撤走了。

患难时体现出的正义能产生如此巨大的威力，说来不能不令人惊叹。

人们总是可以敏感地觉察到自己的苦处，却对别人的痛处缺乏了解。他们不了解别人的需要，更不会花功夫去了解，有的甚至知道了也佯装不知。

饥饿时送一根萝卜和富贵时送一座金山，就其内心感受来说是完全不一样的，我们要做的不是在别人富有时送他一座金山，而是要在他落难时送他一杯水、一碗面、一盆火。雪中送炭才能显示出人性的伟大，才能显示出友谊的深厚。

7.给人留余地，也就是给自己留后路

生活中，我们每个人都与社会有千丝万缕的联系，所以凡事都不要做得太绝，给人留余地就是在给自己留后路。

有一天，狼发现山脚下有个洞，各种动物都由此通过。狼非常高兴，它想，守住山洞就可以捕获到各种猎物。于是，它堵上了洞的另一端，坐等动物们来送死。

第一天，来了一只羊，狼追上前去，羊拼命地逃。突然，羊找到了一个可以逃生的小洞，从小洞仓皇逃出，狼气急败坏地堵上了这个小洞。

第二天，来了一只兔子，狼奋力追捕，结果，兔子从洞侧面的更小一点的洞钻了出去。这一次，狼把类似大小的洞全堵上了。狼心想：这下应该万无一失了，别说羊，与兔子大小接近的狐狸、鸡、鸭等小动物也都跑不了。

第三天，来了一只松鼠，狼飞奔过去，追得松鼠上蹿下跳。最终，松鼠从洞顶上的一个小道跑掉了。狼非常气愤，于是，它堵塞了山洞里的所有窟窿，把整个山洞堵得水泄不通。狼对自己的措施非常得意。

第四天，来了一只老虎，狼吓坏了，拔腿就跑，老虎穷追不舍。狼在山洞里跑来跑去，由于没有出口，无法逃脱，最终，这只狼被老虎吃掉了。

对这一案例，各界人士说法不一。

哲学家说：绝对化意味着谬误。

宗教家说：堵塞别人生路意味着断自己的退路。

环境学家说：破坏原生态平衡者必自食其果。

经济学家说：预算和计划都要留有余地。

军事家说：除非你是百兽之王，否则，别想占有整个森林。

法学家说：凡规则皆有例外，恶法非法。

政治学家说：绝对的权力导致绝对的腐败，绝对的腐败必然导致彻底的失败。

渔民说：一网打尽，下一网打什么？

农民说：不留种子就会绝种绝收。

总之，人的生存与发展，依赖于千丝万缕的社会关系，所以，无论做什么事都不要做得太绝，得为自己留一条后路。

在人与人的交往中，也有一些人为了追求个人利益而对别人不管不顾，甚至在别人身处逆境时落井下石，这样的做法是极其愚蠢的。一个人再成功，也不能保证自己就没有倒霉的时候，把事情做绝了，到时谁又会向你伸出援手呢？

在一个茫茫沙漠的两边，有两个村庄。从一个村庄到另一个村庄，如果绕过沙漠走，至少需要马不停蹄地走上20多天；如果横穿沙漠，只需要3天就能抵达。但横穿沙漠实在太危险了，许多人试图横穿沙漠，结果无一生还。

有一天，一位智者经过这里，让村里人找来了几万株胡杨树苗，每半里一棵，从这个村庄一直栽到了沙漠那端的村庄。智者告诉大家说："如果这些胡杨有幸成活，你们可以沿着胡杨树来来往往；如果没有成活，那么每一个走路的人经过时，要将枯树苗拔一拔，插一插，以免被流沙淹没。"

果然，这些胡杨苗栽进沙漠后，很快就全部被烈日烤死了，成了路标。沿着"路标"，大家平平安安地在这条路上走了几十年。

有一年夏天，村里来了一个僧人，他坚持要一个人到对面的村庄去化缘。大家告诉他说："你经过沙漠之路的时候，遇到要倒的路标一定要向下再插深些；遇到要被淹没的路标，一定要将它向上拔一拔。"

僧人点头答应了，然后就带了一皮袋水和一些干粮上路了。他走啊走，走得两腿酸累，浑身乏力，一双草鞋都被磨穿了，但眼前依旧是茫茫黄沙。遇到一些就要被尘沙彻底淹没的路标，这个僧人想："反正我就走这一次，淹没就淹没吧。"他没有伸出手去将这些路标向上拔一拔。遇到一些被风暴卷得摇摇欲倒的路标，他也没有伸出手去将这些路标向下插一插。

就在僧人走到沙漠深处时，寂静的沙漠突然飞沙走石，有些路标被淹没在厚厚的流沙里，有些路标被风暴卷走了，没了踪影。

这个僧人像没头苍蝇似的东奔西走，却怎么也走不出这个大沙漠。在气息奄奄的那一刻，僧人十分懊悔：如果自己能按照大家吩咐的那样做，即便没有了进路，还可以拥有一条平平安安的退路。

是的，给别人留路，其实就是给我们自己留路。善待他人，关爱他人，实际上就是善待自己，关爱自己。

在一场激烈的战斗中，连长忽然发现一架敌机向阵地俯冲下来。照常理，发现敌机俯冲时要毫不犹豫地卧倒。可连长并没有立刻卧倒，他发现离他四五米远处有一个小战士还站在那儿。他顾不上多想，一个鱼跃飞身将小战士紧紧地压在了身下。只听一声巨响，飞溅起来的泥土纷纷落在他们身上。连长拍拍身上的尘土，抬头一看，顿时惊呆了：刚才自己所处的那个位置被炸了两个大坑。

故事中的小战士是幸运的，但更加幸运的是那个连长，因为他在帮助别人的同时也帮助了自己。

在前进的路上，搬开别人脚下的绊脚石，有时恰恰是为自己铺路。所以，一个高明的人往往是个心胸宽广的人，缺乏智能的人才会得饶人处不饶人，最终断绝自己的后路。

第八章

当你的才华还撑不起你的梦想时

1.三思为妙，一忍最高

生活中，很多人经常会为了一点很小的事情而怒容满面，甚至与人大打出手，这是欲成大事者的大忌。愤怒情绪是一种心理病毒，克制愤怒是人生的必修课，那些怒火横冲直撞而不加抑制的人是难成大器的。

明神宗时，曾官至户部尚书的李三才可以说是一位好官。当时他曾经极力主张罢除天下矿税，减轻民众负担。而且，他嫉恶如仇，不愿与那些贪官同流合污。但是，他在"忍"上的造诣却太差。

有次上朝，他居然对明神宗说："皇上爱财，也该让老百姓得到温饱。皇上为了私利而盘剥百姓，有害国家之本，这样做是不行的。"李三才毫不掩饰自己的愤怒，直言不讳地指责皇帝的行为激怒了明神宗，他也因此被罢了官。

后来，李三才东山再起，有许多朋友都劝他说："你嫉恶如仇，恨不得把奸人铲除，也不能将喜怒都挂在脸上，让人一看便知啊。和小人对抗不能只凭愤怒，你应该巧妙行事。"对此，李三才却不以为然，反而认为那样做是可耻的，他说："我就是这样，和小人没有必要和和气气的。小人都是欺软怕硬的家伙，要让他们知道我的厉害。"没过多久，李三才又被罢官了。

回到老家后，李三才的麻烦还是不断。朝中奸臣担心他再被重新起用，于是继续攻击他，想把他彻底打垮。御史刘光复诬陷他盗窃皇木，营建私宅，还一口咬定李三才勾结朝官，任用私人，应该严加治罪。李三才愤怒异常，不停地写奏书为自己辩护，揭露奸臣们的阴谋。

他对皇上也有怨气，居然毫不掩饰愤怒的情绪，对皇上说："我这个人是忠是奸，皇上应该知道的。皇上不能只听谗言。如果是这样，皇上就对我有失公平了，而得意的是奸贼。"

最后，明神宗再也受不了他，下旨夺去了先前给他的一切封赏。

古人常说"喜怒不形于色"，李三才却不明白这一点，总是不分场合、不分对象地随意发怒，自然只能产生失败的后果。

有一个傲气十足的富商腆着个大肚子来到寺院，站在财神面前说："你有什么？还不是依靠我的贡品，你才能活下去？"

禅师听到后很生气，就把富商带到窗前说："向外看，告诉我，你看到了什么？"

"看到了许多人。"富商说。

禅师又把他带到一面镜子前，问道："你看到了什么？"

"只看见我自己。"富商回答。

禅师说："玻璃镜和玻璃窗的区别只在于那一层薄薄的银子，这一点点可怜的银子，就叫有的人只看见他自己，而看不见别人了。"

富商面带愧色地离去。

"事临头，三思为妙，一忍最高。"你应当提高自己控制浮躁情绪的能力，时时提醒自己，并有意识地控制自己情绪的波动，千万不要动不动就指责别人，喜怒无常。改掉这些坏毛病，努力使自己成为一个容易接受别人和被人接受、性格随和的人，这样的人更容易成功。

即使自己智慧圆融，也应含蓄谦虚，像稻穗一样，米粒越饱满，垂得越低。真正的智慧人生，必定要有诚意谦虚的态度。有智慧才能分辨善恶邪正，有谦虚才能建立美满人生。

做事一定要秉持"正"与"诚"的原则；而待人则要有"宽"与"忍"的态度，要以超然的形态、宽大的心胸来容纳别人。真正的圣人，既刚强又柔韧。他的强是柔中带刚，刚中带柔。柔能调服众生，刚能坚强己志。

竞争孕育了伤害的因子。只要有竞争，就有上下之别、前后之分、得失之念、取舍之难，世事也就不得安宁了。不争的人才能看清事实，争了就乱了，乱了就犯了，犯了就败了。

很多人总是念叨着"人争一口气"，其实，真正有修养的人会把这口气咽下去。培养好自己的气质，不要争面子，争来的是假的，养来的才是真的。

2.想一步登天，成功就会跑得比你更快

人的成长需要一个过程，这个过程不是任何文凭、学位、身份、背景可以缩短或替代的，否则，你的人生就会出现断层，成为空中楼阁。

"没有人能随随便便成功"，这是一句歌词，也是一条真理。

"随便"是指空想、浮躁，只有去掉这些，发扬务实的精神，万丈高楼才能拔地而起。初入社会是一个人的品质和生涯定格的时期，如果你能在这个时期树立起务实的精神，

扎扎实实地练就基本功，还有什么能阻碍你成功呢？

即使自身具备再优越的条件，一次也只能脚踏实地地迈一步，这是十分简单的道理。然而，很多初入社会的年轻人却把这么简单的道理忘记了。他们总想一步登天，恨不得第二天一觉醒来，摇身一变成为比尔·盖茨一样的成功人物。他们对小的成功看不上眼，认为凭自己的条件做基层的工作简直是大材小用。他们有远大的理想，但又缺乏踏实的精神，最终只能四处碰壁。

任何一个人的成功都不是靠空想得来的，只有踏踏实实一步一个脚印地去尝试、去体验，才能最终取得成功。不管你拥有多么知名的学府的毕业证书，也不管你曾获得多少奖励，你都不可能在踏出校门的第一天就获得百万年薪，开上跑车，这些都需要你踏踏实实地去干，去争取。如果你不能改掉眼高手低的坏毛病，那么，不但初入社会时会遭遇挫折，以后的社会旅程也将布满荆棘。

20世纪70年代，麦当劳公司看好中国台湾市场，决定在当地培训一批高级管理人员。他们最先选中了一位年轻的企业高管，但商谈了几次都没有定下来。最后一次，总裁要求那个年轻人把他的夫人带来。

当总裁问道："如果要你先去打扫厕所，你会怎么想？"那个年轻人沉思不语，脸上还露出了尴尬的神情。他在想：要我一个小有名气的企业高管打扫厕所，这也太大材小用了吧？这时他的夫人却说道："没关系，我们家的厕所向来都是他打扫的！"这次，这个年轻人终于通过了面试。

让那个年轻人没有想到的是，第二天一上班，总裁就先让他去打扫了厕所。后来，他晋升为高级管理人员，看了公司的规章制度后才知道，麦当劳公司训练员工的第一课就是先从打扫厕所开始，连总裁也不例外。

创维集团人力资源总监王大松曾经说："年轻人只有沉得下来才能成就大事。无论你多么优秀，到了一个新的领域或新的企业，刚出校门就只想搞策划、搞管理，可是你对新的企业了解多少？对基层的员工了解多少？没有哪个企业敢把重要的位置让刚刚走出校门的人来掌管，那样做无论对企业还是对毕业生本人，都是很危险的事情。"

所以，要想获得事业的成功，就要先去掉身上的浮躁之气，培养务实的精神，扎扎实实打好基础。基础打好了，你事业的大厦才可能拔地而起。

戒掉浮躁之气并不困难，只需把自己看得笨拙一些，这样，你就能很容易放下什么都懂的假面具，有勇气袒露自己的无知，毫不忸怩地表示自己的疑惑，不再自命不凡、自高自大。这有利于你更快更好地掌握处理业务的技巧，提高自己的能力，还能给上司和同事留下勤学好问、严谨认真的好印象。

拥有笨拙精神的人，可以很容易地控制自己心中的激情，不会设定高不可攀、不切实际的目标，不会凭着侥幸去瞎碰，也不会为了潇洒而放纵，而是认认真真地走好每一步，踏踏实实地用好每一分钟，甘于从不起眼的小事做起，并能时时看到自己的差距。

认真扎实地去做基础工作，是培养务实精神的关键。越是别人不屑去做的工作，你越要做好。工作能力是有层级的，只有从基础做起，处理好小事，才能打好根基，培养起处理大事的能力。

你还要保持一颗平常心，坦然地去面对一切。小有成就，不要太得意；遇到挫折，也不要消极失望。"不以物喜，不以己悲"的心态，会使你更加关注自己的工作，并集中精力做好它。

此外，还要切忌急于求成。事业的成功需要一个水到渠成的过程，急于求成可能会导致功败垂成。不管你以后从事哪一行哪一业，成功都自有其既定的路径和程序，一步一步地来，成功自然会在不远的地方等着你。想一步登天，成功就会跑得比你更快，让你永远都追不上。

3.才高者更要内敛

著名的古典主义哲学家老子先生认为，有智慧的人应该具备一种"大成若缺""大盈若冲""大直若屈""大巧若拙""大辩若讷"的内敛功夫；真正技术高明的人，总是看起来普普通通；真正辩才无碍的人，总是看起来木木讷讷。只有这样才能够在为人处世上游刃有余，置危险于身外。

如此看来，有才能的人不一定幸福，因为才能不仅能带来荣耀，更可能导致灾难。才能让人羡慕，也让人嫉妒。才能出众如同树大招风，心胸狭窄的无能之辈总是与有才能的人为仇。因此，有才能的人更应懂得内敛的重要性，懂得如何去运用它。

唐代大诗人白居易才高八斗，刚直耿介。他在朝为官时，许多无才无德的小人都攻击他。

一次，唐宪宗召见白居易，对他说："你诗名很大，为人忠直，不像是个奸诈之人，可为什么总有人弹劾你呢？"

白居易说："皇上自有明断，我说什么也是无用的。不过依我看来，我和那帮人道不同不相为谋，一定是他们嫉恨我的才华忠直。否则，我和他们无冤无仇，他们为什么会无端诬陷我呢？"

白居易自知难与小人为伍，却不屑掩饰锋芒，他对那些无能之辈常出口讥讽，绝不留半点情面。

一次，朝中一位大臣作了一首小诗，奉承他的人不在少数。白居易看过小诗，却哈哈一笑，说："如果说这是一首好诗，那么天下人都会写诗了。"

事后，白居易的一位朋友劝他说："你身处官场，不应该当众羞辱别人。你不是和朋友谈诗论道，在朝堂上若讲真话，人家只会更加恨你。"

白居易说："我最看不惯不懂装懂之人，本来我不想说，可还是压抑不住啊。"白居易自恃有才，说话办事往往少了客气。他对皇上也大胆进言，只要他认为不对的事，他就直言上谏，全不顾任何禁忌。

河东道节度使王锷为了晋升，大肆搜括百姓，向朝廷献上了很多财物，讨得唐宪宗的欢心，宪宗打算升他的官。

朝中大臣都没有意见，只有白居易站出来反对。唐宪宗生气地说："你是个才子，就该与众不同吗？你每次都和我唱反调，是何居心？"

皇上发怒了，嫉恨他的小人趁势说他恃才傲物，目中无人。一时，白居易的处境岌岌可危。

大臣李绛同情白居易，劝他收敛锋芒，说："一个人如果因为才高招来八方责难，他就该把自己装扮得平庸。你的见识虽深刻远大，但不可显示出来，你为什么总也做不到呢？这也是为官之道，不可小看。"

最后，白居易还是因为上谏惹祸，被贬出了朝廷。

白居易的才能人所共知，他尽忠办事，见解高明，却不能建功，只因他的才能过于外露，优点反变成了缺点。

内敛，可以说是我们为人处世的传统方式。不以物喜，不以己悲，是一种内敛；智欲圆而行欲方，也算一种内敛；凡事不张扬，得意不忘形，富足时不骄矜，位卑或者贫穷时也不谄媚，更是一种内敛。

古代有个行当叫镖师，镖师身怀武功，在舞刀弄棒的年代，仅凭此道，遇人处事就可以胜人一筹。当着别人的面，剑拔弩张，趾高气扬，甚至喜怒溢于言表，也自有底气。可是，很多镖师恰恰是内敛型的。

镖师的对头是强盗，但镖师遇见强盗并非上来就是拳脚相加，而是低调行事，进行话，论人缘，拉交情，谈潜规则，不到万不得已时不动手。因为强中自有强中手，真打起来谁都未必占便宜。强盗拦住镖车，镖局的人要抱拳拱手，打个招呼：当家的辛苦了！镖师心里明白，自己这碗饭就是因强盗而得，对方才是当家的。如果对方问：穿的谁家的衣？回答就是：穿的朋友的衣！又问：吃的谁家的饭？再答：吃的朋友的饭！

人家听得高兴，自己说的又是事实，两下里一畅快，就过去了。当然，这也是由于那个时候的强盗懂得内敛，自有一套道上的规矩，知道有些底线不可轻易破坏，破坏了就会失去立命之所。

如果古时候的强盗和镖师都不知道内敛，上来就兵戈相见，那谁都无法吃好自己的"饭"。

做人处世，当谦虚谨慎，虚怀若谷，内敛而不张扬，即使你的才华在众人之上，在必要的时候还是保留一些比较好。

古人云"君子泰而不骄，小人骄而不泰"，说的就是仪表、行为上的差异。它告诫我们，在日常的生活、工作中，要时刻注意自己的言行举止，懂得在谦虚中善学，懂得在内敛中进步，而不要不知天高地厚，摆出一副唯我独尊、锋芒毕露的骄姿傲态。

4.智慧有益无害，聪明益害参半

生活中，有些人在做事前，总是先费尽心思地盘算着能不能偷工减料，能不能找到一些解决问题的小偏门，甚至不惜损害他人的利益来达到自己的目的。这些人总以为自己很聪明，可事实证明，越是自作聪明的人，越会"聪明反被聪明误"。

有些小聪明本无可厚非，但我们不应当将所有的希望、将事情的成败都寄予"小聪明"上，更多的时候，我们需要的是脚踏实地地去做，去努力，而不是依靠投机取巧。

柏拉图有一个得意弟子，他很聪明，总是能在很短的时间之内领会老师的意思；他很有潜力，总是能提出一些具有独特视角的问题；他也很有理想，一直希望自己能够成为像老师一样伟大，甚至比老师还要博学的哲学家。但是，他常常自视聪慧，不愿意在学识上多下工夫，自认为聪明能敌过他人的努力。

柏拉图认为他还需要生活的历练，需要更加刻苦。柏拉图曾经语重心长地对这名学生说过一句话："人的生活必须要有伟大理想的指引，但仅有伟大的理想而不愿意脚踏实地，一步一个脚印地朝着理想奋进，那就不能称为完美的生活。"

这名学生知道老师是在教导自己要脚踏实地，但他认为自己比别人聪明，总能用一些技巧轻易地解决问题，自己的理想也比别人的更加伟大，所以只要自己想做的，总能轻易地取得成功。

柏拉图也相信这名学生能够做出一番大事业，但他却只看到大目标而不顾脚下道路的坎坷以及自身的缺点。柏拉图一直想找一个合适的机会让学生自己意识到他的这一缺点。

一天，柏拉图看到他们前面的不远处有一个很大的土坑，这个土坑周围还有一些杂草。其实，只要稍加注意就可以绕过这个土坑，但柏拉图知道他的学生在赶路时经常不注意脚下。于是，他指着远处的一个路标对学生说："这就是我们今天行走的目标，我们两个人今天进行一次行走比赛如何？"学生欣然答应，然后他们就出发了。

学生正值青春年少，他步履轻盈，很快就走到了老师的前面，柏拉图则在后面不紧不慢地跟着。柏拉图看到学生已经离那个土坑很近了，他提醒学生"注意脚下的路"，而学生却笑嘻嘻地说："老师，我想您应该提高您的速度了，您难道没看到我比您更接近那个目标了吗？"

他的话音刚落，柏拉图就听到了"啊"的一声叫喊，学生掉进了土坑里，这个土坑虽然没有让人受重伤的危险，但它却足以使掉下去的人无法独自上来，所以，学生只能在坑里等着老师过来帮他。

柏拉图走了过来，他并没有急着去拉学生，而是意味深长地说："你现在还能看到前面的路标吗？根据你的判断，你说现在我们谁能更快到达目的地呢？"

聪明的学生已经完全领会了老师的意思，他满脸羞愧地说："我只顾着远处的目标，却没走好脚下的每一步路，看来还是不如老师呀！"

一个人拥有聪明的头脑是值得骄傲的，但聪明并不代表一切。聪明是天赋，是先天的优势，但成功却等于1%的天赋加上99%的汗水。倘若你比他人有天赋，那说明你比他人离成功更近，你有更多的资本走上成功的捷径，但这并不代表成功。如果仅仅想要依靠聪明来成就一番事业，而不愿意脚踏实地、勤奋努力地做事，那即使有再高的天赋也是无用的。

聪明也并不代表智慧。很多人在不同的方面都有些小聪明，但真正有大智慧的人却寥寥无几。

莎士比亚提醒我们，千万不要自作聪明，变成"一条最容易上钩的游鱼"，"用自己全副的本领"来"证明自己的愚笨"。

一个人如果把心思过多地用在小聪明上，他必定会没有精力去开发和培植他的大智慧。聪明和智慧是两个不同的概念，智慧有益无害，聪明益害参半，把握不好的小聪明则会贻害无穷。

拥有太多小聪明的人，往往都将小聪明用于追逐眼皮底下的急功近利，而看不到长远的根本利益。相反，具有大智慧者很少会在众人面前炫耀自己的聪明才智，更不会自作聪明地干一些实际上愚蠢至极的事情。真正的聪明者不需要通过投机取巧来表现，自作聪明者常常反被自以为是的小聪明所累。

从前有个小男孩，非常聪明，但在长久的夸奖声中，他渐渐地开始偷懒，想靠投机取巧来获得成功。

这天，小男孩有幸和上帝进行了一番对话。

小男孩问上帝："一万年对你来说有多长？"

上帝回答说："像一分钟。"

小男孩又问上帝："一百万元对你来说有多少？"

上帝回答说："相当一元。"

小男孩对上帝说："你能给我一元钱吗？"

上帝回答说："当然可以。请你稍候一分钟。"

一位哲人说过："投机取巧会导致盲目行事，脚踏实地则更容易成就未来。"

想要获得成功，需要智慧，更需要脚踏实地地付出。人要站得牢，才能走得稳，投机取巧走捷径或许能让你得到一时的好处，但因为没有厚实的基础，脚步太过于轻快，最终，你只会在长途跋涉中落后于别人。所以，如果你渴望获得成功，就要实实在在地走好脚下的每一步。

"宝剑锋从磨砺出，梅花香自苦寒来。"成功者的秘诀就在于他们能够摒弃"投机取巧"的坏习惯，无视那些小聪明，用自己的努力开创属于自己的辉煌。

"机关算尽太聪明，反误了卿卿性命。"聪明是好事，但要用在适当的地方，才能显示出其真正的价值。想投机取巧、不劳而获，聪明只能把你带入失败的深渊。

5.你永远不是最倒霉的那一个

有时候，倒霉会爱上你，跟你形影不离，你到哪里它就跟到哪里，你快被它逼疯了，生活变得一团糟，你的心情就像"乌云遮月"一样阴暗。这时，你怎么办？你怎么才能让心情美好起来？记住，你永远不是最倒霉的那一个。

曾经有个自认为很倒霉的人，他叫哈维。哈维常为很多事情忧虑，觉得自己很倒霉，先是工作没了，后来经商被骗破产了，花了7年时间才还清债务，妻子离他而去，孩子总是给他找麻烦……总之，没有一件让他高兴的事。他觉得上天对自己太不公平，什么倒霉事都让他赶上了。可是，有一天哈维突然转变，人变得乐观，不再时时抱怨说自己如何倒霉了。

那是1934年的春天，哈维正在一条街道上无精打采地走着，一幕景象突然落到了他的眼里，让他备受触动，决心改变。他看见路对面走过来一个没有腿的人，对方坐在一块简易的木板上，木板下面像溜冰鞋一样装了滑动的轮子，那个人两手拿了木棍撑住地面往前滑，时刻注意躲闪过往的车辆和行人。这人过街后，准备把自己挪到人行道上去，人行道比马路高出几英寸，正当他的小板子翘起来的时候，哈维正好与他四目相对。这人坦然快活地说："早上好，今天天气真好，你觉得呢？"哈维有点吃惊，他现在才发现自己原来其实是很幸运的，至少他还有两条健康的腿，能活蹦乱跳，面对这样一个勇敢面对生活的人，哈维为自己以前的自怨自艾感到羞愧，自己根本就算不上一个倒霉的人。

从此，哈维每天早起在刮胡子的时候，都会看看贴在镜子上的那句话："别人骑马我骑驴，回头看看推车汉，比上不足，比下有余。"总有人比自己更倒霉，自己没有理由沮丧，生活其实很美好。

犹太人有句谚语："假如你失去了一只手，就庆幸自己还有另外一只手；假如失去了两只手，就庆幸自己还活着；如果连命都没了，就没有什么可烦恼的了。"当你觉得倒霉的时候，不妨换个角度看问题，看看自己还拥有什么，这样你会觉得自己还是很幸运的。比如，当你为洒掉半杯啤酒而懊恼时，不如为还拥有半杯啤酒而快乐；再比如，不小心摔倒时，你应该想幸好我是在这里摔倒，而不是在危险的地方摔倒，有人不是掉到下水道里摔死了吗？真是老天保佑，自己真是太幸运了。

　　张岩跟随一个旅游团去外地观光，坐的是大巴车。路上要经过一段弯行的山路，十分崎岖。不过司机说没问题，他对这条路很熟，所以把车开得很快。正当大家兴致勃勃地观赏窗外的风景时，悲剧发生了，迎面来了一辆货车，大巴车匆忙躲闪，由于车速过快，大巴车失去了控制，一下就翻到了山沟里，车里的乘客非死即伤。张岩也伤得很重，左腿被狠狠地卡到了车座里，后来被送进医院，医生不得不宣布截去他的左腿，这意味着他从此要与假肢、拐杖和轮椅为伍。但张岩醒来后，并没有痛苦多长时间，他表现得非常乐观。亲戚朋友们来看他，以为他是在强颜欢笑，纷纷安慰他。但他却说："还好，我觉得我很幸运，除了这个不听话的腿，我身上其他零件都还好好的，什么也耽误不了。那些丢了命的人才是最倒霉的。"

　　当你遇到不开心的事时，想想那些比你更倒霉的人，他们比你更有资格唉声叹气、自暴自弃。你仔细想想，你是不是还拥有其他的东西？比如有份自己喜欢的工作，有两个可以诉苦的闺蜜或哥们儿，还有几件不错的衣服可以替换，还抽得起烟，还能去上网，还能到父母家去蹭吃蹭喝，还有一把力气，还能看见明天的太阳……拥有这些，你还有什么不满足的呢？

6.压力如水，可载舟也可覆舟

现代社会竞争激烈，充满压力。学生有课业升学的压力；工人有下岗再就业的压力；公务员有优胜劣汰的压力；商家有市场竞争的压力；就连退了休的人也有压力，有孤独的压力、疾病的压力。而之所以会产生这些压力，是由于一个人的某些需要、欲求、愿望遇到障碍和干扰，引发出了心理和精神的不良反应。"压力可载舟，也可覆舟"，它既有好的一面，也有坏的一面。如果我们能把压力变成动力，那么压力就会变成蜜糖；如果我们把压力憋在心里，让它无休止地折磨自己，那么压力就会变成砒霜。

其实，有压力并不可怕，可怕的是我们把压力憋在心里，让它变成心灵的枷锁，如此，我们就会失去理智的判断能力，失去激发潜能的自由。西方有句谚语："最后一棵草会压垮骆驼背。"同样，工作生活中的烦心琐事也会给人造成心理和精神上的压力，直接影响人的健康。

一个刚刚50岁出头的教师，体检时，发现肝上有点问题，从此心情沉重，精神不振，不到半年竟形如枯槁，没过多久便猝然离世了。医生说他的生命不是因为肝病而结束，而是被自我心理压力夺去的。

压力不仅仅只有破坏性力量，还有积极的促动力量。压力能够变成动力，这是物理学上的一条定理。

美洲虎是一种濒临灭绝的动物，世界上仅存十几只，其中秘鲁动物园里有一只。秘鲁人为了保护这只美洲虎，不仅专门为它建造了虎园，里面有山有水，还有成群结队的牛羊兔子供它享用。奇怪的是，它只吃管理员送来的肉食，经常卧在虎房里，吃了睡，睡了吃。

有人说："失去爱情的老虎，怎么能有精神？"为此，动物园又定期从国外租来雌虎陪伴它。然而，美洲虎最多陪"女友"出去走走，不久又回到虎房，还是打不起精神。

一位动物学家建议说："虎是林中之王，园里只放一群吃草的小动物，怎么能引起它的兴趣呢？"动物园里的管理人员采纳了专家的意见，放进了三3只豺狗。从此，美洲虎不再睡懒觉了，它时而站在山顶引颈长啸，时而冲下山来，雄赳赳地满园巡逻，时而追逐豺狗挑衅。

美洲虎有了攻击的对手，也就有了压力，压力使它精神倍增，与以前大不一样。

其实，我们的生活也是一样。每个人都会有这样的体会：一个人饭后散步时可以背起手来，闲情漫步，但如果让他挑上百斤重担，便会立马小跑起来。这是为什么？答案是压力产生了动力。法国的维克多·格林尼亚，就是凭借压力激发出动力，获得了诺贝尔化学奖。

格林尼亚生于富有之家，他从小生活奢侈，不务正业，人们都说他是个没有出息的花花公子。在一次宴会上，他对一位年轻貌美的姑娘一见钟情，想要与她亲近，但这位姑娘却毫不留情地对他说："请站远点，我最讨厌你这样的花花公子。"骄傲的格林尼亚有生以来第一次遭遇这样的羞辱，这重重的一拳把昏睡不醒的格林尼亚打醒了。从宴会上回来，他给家人留下一封书信："请不要探询我的下落，容我去刻苦学习，我相信自己将来会创造出一些成绩。"果然，他在8年后成了一位著名的化学家，时隔不久，又获得了诺贝尔化学奖。后来，格林尼亚收到了一封信，信中只有一句话："我永远敬爱那些敢于战胜自己的人。"写信者正是宴会上那位美丽的姑娘。

格林尼亚当众受辱，洗刷耻辱的压力促使他不断努力去战胜自我，后来终于获得了荣誉，实现了由纨绔子弟向伟大科学家的转化。这就是物极必反，压力变动力的结果。从格林尼亚的转化中，我们还可以发现：一个人追求的目标越高，战胜压力的力量就越大。

日本渔民出海捕鳗鱼，因为船小，回到岸边时，鳗鱼几乎都死光了。但有一个渔民每次捕回的鱼都是活蹦乱跳的，也因此能卖出比别家更高的价钱。渔民在临死前才将其中的秘密告诉自己的儿子。原来，他在盛鳗鱼的船舱里放进了一些鲶鱼。鲶鱼生性好斗，为了防止鲶鱼攻击，鳗鱼也被迫攻击对方。在战斗的状态中，鳗鱼忽略了被捕捉后面临的死亡威胁，所有的潜能都被激发了出来。这样，尽管它们伤痕累累，但绝大部分鳗鱼还是活了下来。

人往往都有一定的惰性，因而，只有在一定的压力下，才能最大限度地引爆自身的潜能。

压力是促使自己进步的最好动力。著名科学家贝弗里奇说过："人们最出色的工作往往是在逆境中做出的，思想上的压力，甚至肉体上的痛苦，都可能成为精神的兴奋剂。很多作家、画家平时灵感难寻，但在交稿时间非常迫近或其他原因造成的压力下，大脑里却容易涌现出灵感。"

创造学之父奥斯本也说过："多数有创造力的人，其实都是在期限的逼迫下从事工作的……决定了期限，就会产生对失败的恐惧感，因此，工作时加上情感力量，就会使得工作更加完美。"

当然，压力也不能过大，如果压力过大，就会把意志不坚的人给压怕了，压趴下了。适度的压力不仅是行动的最好保障，而且常常能把潜能发挥到极致，创造出令人震惊的奇迹。

7.忙是治疗一切"神经病"的解药

"人之生也，与忧俱生。"庄子真是哲人睿语。大凡人生，总不免忧国忧民、忧亲忧己。忧虑自有高下之分，"先天下之忧而忧"，即为大忧大患，于强者并非致命的重斧，倒可能成为催人奋发、造福民族的契机。有些忧虑的确没多大意思，却有人跟它掰不开扯不断，让它困扰身心，影响健康，苦不堪言。人们绞尽脑汁、想方设法去消除无谓的忧虑，可效果总不那么令人满意。

而一些在图书馆、实验室从事研究工作的人，很少因忧虑而精神崩溃，因为他们没有时间去享受这种"奢侈"。所以，让自己忙碌起来，是赶走忧虑的一个好办法。

有个叫马利安·道格拉斯的人，他的家庭曾遭遇过两次不幸。第一次，他失去了5岁的女儿，一个他很钟爱的孩子。更不幸的是，"十月后，我们又有了另外一个女儿——而她仅仅活了5天"。

这位父亲几乎承受不了这接二连三的打击，他说："我睡不着，吃不下，无法休息或放松，精神受到了致命的打击，信心丧失殆尽。吃安眠药和旅行都没有用。我的身体好像被夹在一把大钳子里，而这把钳子愈夹愈紧。"

"不过，感谢上帝，我还有一个4岁的儿子，他教了我们解决问题的方法。一天下午，我呆坐在那里为自己难过时，他问我："爸爸，你能不能给我造一条船？'我实在没兴趣，可这个小家伙很缠人，我只得依着他。"

"造那条玩具船大约花费了我3个小时的时间，等做好时我才发现，这3个小时是我许多天来第一次感到放松的时刻。"

"这一发现使我大梦初醒，使我几个月来第一次有精神去思考。我明白了，如果你忙着做费脑筋的工作，你就很难再去忧虑了。对我来说，造船就把我的忧虑整个冲垮了，所以我决定使自己不断地忙碌。第二天晚上，我巡视了每个房间，把所有该做的事情列成一张单子。有许多小东西需要修理，比方说书架、楼梯、窗帘、门把、门锁、漏水的龙头等。两个星期内，我列出了242件需要做的事情。"

"从此，我的生活中充满了启发性的活动：每星期的两个晚上，我到纽约市参加成人教育班，并参加了一些小镇上的活动。现在任校董事会主席，还协助红十字会和其他机构进行募捐。我现在忙得根本没有时间去忧虑。"

众人都想方设法赶走自己的忧虑情绪，很多人这样做到了。"没有时间去忧虑"，这是丘吉尔在战事紧张、每天要工作18个小时所说的话。当别人问他是否为自己肩负的重任而忧虑时，丘吉尔说："我太忙了，没有时间去忧虑。"

能把忧虑赶走的方法，就是"让自己忙着"，这是一件简单的事情。在心理学上有一条最基本的定律：一心不能二用。人们不可能既激动、热诚地去想令人兴奋的事情，与此同时又陷入忧虑当中。"让自己忙着"这句话，曾被医生用来治疗心理上的精神衰弱症。除睡觉的时间外，每一分钟都让这些在精神上受到打击的人忙碌起来，比如钓鱼、打猎、打球、种花以及跳舞等，他们根本没有时间闲着。

近代心理医生有一常用名词——"职业性的治疗"，也就是拿工作当成治病的处方。这并不是新办法，古希腊的医生早就开始用了。每一个心理治疗医生都能告诉你：工作——让你忙着——是精神病最好的治疗剂。如果你不能一直忙碌着，而是闲坐在那里发愁，你会产生一大堆胡思乱想的东西，"胡思乱想"犹如传说中的妖精，会掏空你的思想，摧毁你的行动力和意志力。

查尔斯·柯特林在发明汽车自动点火器时也遭遇过这种情形。柯特林先生一直都是通用公司的副总裁，负责世界知名的通用汽车研究公司，但当年他却穷得要用谷仓里堆稻草的地方做实验室。当时他家里的开销全靠他妻子一人教钢琴的1500美元酬金度日。有人问他妻子在那段时间是否很忧虑，她说："是的，我担心得睡不着。可是柯特林先生一点也不担心，他整天埋头工作，没有时间忧虑。"

伟大的科学家巴斯特曾说："在图书馆和实验室能找到平静。"因为在那里，人们都埋头工作和学习，不会为自己担忧。

在1953年的一天晚上，马特先生胃出血，被送进芝加哥医学院的附属医院。几天时间，他的体重由175磅锐减到90磅，只能每小时吃一汤匙半流质的东西。每天早上和晚上，护士都要把橡皮管插进他的胃里，把里面的东西洗出来。医生坦率地告诉他已经无药可救了。这时，马特先生想了很多，他开始焦虑、发怒，病情也因此加重了许多，他甚至想到了自杀。

就这样过了几个月，马特发现自己几乎只剩下一具躯壳，这不是他原来的样子，他决定做出一些改变。他对自己说：马特，如果你除了等死以外，再也没有别的指望了，还不如好好利用一下剩余的时间。你不是一直想环游世界吗？现在可以去做了。当马特把这个想法告诉医生时，医生以为他疯了，并警告他说："如果你环游世界，就只有葬身大海了。"马特说："不会的。我已经告诉了亲友，我要葬在尼布雷斯卡州老家的墓园里，我打算把棺材随身带着。"他果真买了一具棺材，和轮船公司讲好，万一死了，就把他的尸体放进冷冻舱里。

马特从洛杉矶上了"亚当斯总统号"船，开始向东方航行。令人奇怪的是，他居然觉得好了很多，渐渐地不再吃药和洗胃，不久，任何东西都能吃了，甚至可以抽长长的黑雪茄，喝几杯酒，多年来，他从没有这样享受过。马特在船上和人们玩游戏、唱歌，晚上聊到半夜。他感到很舒服，充满了欢乐。当他回到美国之后，他的体重增加了60磅，几乎完全忘记了以前的焦虑和病痛。他一生中从来没有这样开怀过。回来后，马特先生对他的家人说："如果上船之后我继续忧虑下去，毫无疑问，我只能躺在棺材里完成这次旅行了。"

肖伯纳说得好："让人愁苦的秘诀就是，有空闲时间来想想自己到底快活不快活。"因此不必去想它。让自己忙碌起来，你的血液就会开始循环，你的思想就会开始变得敏锐——让自己一直忙着，是这世上治疗忧虑最便宜而且也是最好的一种药。

第九章

向着光亮那方，抵住自我的孤独

1.把自己从忙碌中解放出来

早上一睁开眼，紧张忙碌的生活就开始了。人们步履匆匆，总觉得工作和生活像打仗。好不容易下班了，还要把一些未做完的工作带回家接着做。而做家务、指导孩子学习又是一场战斗，忙得腰酸背疼……

日子就这样一天天过去，某一天偶尔停下来一想：哦，已经很长时间没有和妻子去电影院了！上次和朋友一块爬山，多快活呀，那是在3年前还是5年前？

有时候，人们好像失去了生活目标，每天都在"与时间赛跑"，好像有一支无形的枪在抵着自己的后背，命令自己："立即做好这件事！"人们像可怜的牛马，被无穷无尽的事情驱赶着。

忙碌首先影响着人们的健康：食欲不振、缺少睡眠、心脏病、高血压、神经衰弱……

不少人由此淡漠了亲情、友情：挤不出时间常回家看看，更谈不上给爸爸捶捶背，帮妈妈洗洗碗，同样也没有时间带孩子去游乐场玩个痛快……

人们还丢掉了自己的许多爱好和乐趣，例如读书、下棋、散步、体育锻炼……

随着现代科技的发展，人们有了电脑、手机、互联网、汽车……本以为这些东西可以减轻忙碌，谁知它们又给生活带来了新的忙乱：手机随时随地能让人们"召之即来挥之即去"，蜗牛似的网络速度耗去了人们本就不多的时间，汽车的擦洗保养成了双休日的重要作业……人们更忙了，也更累了。

英国的一位中年记者这样写道：尽管人类的身体并没有发生变化，但现代人睡眠的时间却越来越短，而睡眠质量也在下降。白天的时间被延长，首先是因为有了火，后来是电灯，现在是玩电子游戏、上互联网聊天、看电视或从事繁重的工作。现在的人比20年前的人睡眠时间减少了20%。现在的社会已经变成了一种"24小时的社会"，一切都在持续不断地运转。

人们真的需要这样忙碌吗？有些事不做或放到明天再做行不行？人们有必要把自己搞得这么紧张吗？

有位女士因为应付不了日常生活的忙碌紧张来找心理医生。她描述了从起床到上班这段时间要做的一系列事，其中有一件事是整理床铺。医生建议她试试两周不整理床铺。她当时很吃惊，但还是接受了这一建议。两周后，她笑容满面，轻快地走进医生办公室。她40年来第一次不用整理床铺，结果什么灾难都没有发生。她说："你猜怎么着，我现在也不把餐具擦得锃亮了。"

那位女士学会了有选择地去做事，她也容许自己不必十全十美。她从忙碌中解放了自己。

陆绍珩说："在尘世中奔波忙碌，容易生病。病了，才能卧床享受一下欣赏青山的清福。人生一世，要常常吟诗歌唱，这样在操笔时就能写下'阳春白雪'的千篇佳作。"

难道你也准备在累病了后才想起"伏枕看青山"吗？为什么不现在就把工作量减掉一部分，给自己留出那些必须留的时间和空间呢？包括每天定时进餐，有充足的睡眠，有时间与家人共处，有与友人约会的时间，有读书的时间，还有其他种种爱好的活动时间。

美国包登公司的总裁养成了每天走过20条街去他办公室

的习惯，他不急匆匆地坐汽车赶时间。联合化学公司董事长约翰·康诺尔偏爱原地慢跑，一直保持着标准体重。日本岩田屋的中牟田荣藏总经理每天早晨5点起床，带着扫把，打扫自家周围300米的道路，坚持扫了20年。他说，这不仅使他身心舒畅，也让她和附近的人们建立了良好的关系。东芝电器公司总经理鹤尾勉在公司从来不乘电梯而爬楼梯，以此来锻炼身体，也利用这点时间想想问题，他认为没必要为节约那几分钟而去坐电梯。

要给自己做的事情排一个先后顺序，并随时自问："什么才是要紧的事？"这有助于自己把握时间。否则，很快你就会发现自己又忙乱起来了，让自己迷失在一堆事务之中。

2.走出世间是清净，走入世间是红尘

"佛法分两种，走出世间是清净，走入世间是红尘。"弘一法师解释说："红尘里的人生，就是功名富贵，普通叫做享洪福，清净的福叫做清福。人生鸿福容易享，但是清福却不然，没有智慧的人不敢享清福。"

当感到工作压力太大、内心烦躁时，最好的解决办法就

是躲到寂寞中去享享清福，放松一下身心。

西方有位哲人在总结自己的一生时说过这样的话："在我整整75年的生命中，我没有过4个星期真正的安宁。这一生只是一块必须时常推上去又不断滚下来的崖石。"所以，追求宁静或者追求寂寞对许多人来说成了一个梦想。由此看来，寂寞并不是每个人都能享受的。

可是，现实生活中，许多人害怕寂寞，时时找热闹躲避寂寞，很少有人能够固守一方清净，独享一分寂寞。更多的人脚步匆匆，奔向人声鼎沸的地方。殊不知，热闹之后的寂寞更加寂寞。如能在热闹中独饮那杯寂寞的清茶，也不失为人生的另类选择。但是，寂寞并不是每个人都会享受的。未来敢于抗争的人，才有面对寂寞的勇气；昔日拥有辉煌的人，才有不甘寂寞的感受；为了收获而不惜辛勤耕耘流血流汗的人，才有资格和能力享受寂寞。

许多人把失意、伤感、无为、消极等与寂寞联系在一起，认为将自己封闭起来就是寂寞，这是一种误解。倘使这样去生活，不仅会限制生命的成长，还会与现实隔阂。

寂寞是一种享受。在这喧嚣的尘世之中，要保持心灵的清净，必须学会享受寂寞。寂寞就像个沉默少言的朋友，在清净淡雅的房间里陪你静坐，虽然不会给你谆谆教导，却会引领你反思生活的本质及生命的真谛。寂寞时，你可以回味一下过去的事情，以明得失，也可以计划一下未来，未雨绸缪；你也可以静下心来读点书，让书籍来滋养一下干枯的心田；也可以和伴侣一起去散散步，弥补一下失落的情感；还可以和朋友聊聊天，古也谈，今也谈，不是神仙，胜似神仙。

寂寞是一种难得的感受。当你想要躲避它时，表示你已经深深感受到了它的存在。此时，不妨轻轻地关上门窗，隔去外界的喧闹，一个人独处，细心品味寂寞的滋味。坐在桌前，焚一炉檀香，冲一杯咖啡，翻一本酷爱的图书，感受久违的纸墨清香。当然，如果你愿意，尽可以什么也不干，只是坐在那里沉思，思考人生，思考大脑中存储的一切。如果你愿意，你也可以什么也不想，只是一个人静静地待上一会儿，让大脑暂时处于休眠状态。

寂寞是知心朋友，在你心烦时，不会打扰你，也不会对你有所求。热闹需要向外索求，而寂寞随时与你同在，在你需要时，它便会轻轻地来到你身边，静静地听你倾诉心声。它能为你保守秘密，虽然无言无语，却能让你更好地认清自己。它不会对你指手画脚，却能让你以更加自信的步伐迈出人生的下一步。

因此，当你对工作、生活感到倦怠时，不妨找个空间独处。独处可以让人充分感受宁静祥和，忘却争斗与烦恼，如同走出喧闹的都市进入万籁俱寂的旷野一般，让人心旷神怡。此时，独坐一室，于清茶中品味人生，生命的目的便会因此明晰；在书中品味生活，生活便会更加多姿多彩。

清代曾国藩向一个修行极高的出家人请教养生之道。出家人磨墨运笔，龙飞凤舞地写了一张处方递给他。

曾国藩接过处方又问道："现在正是盛夏之时，天气炎热，弟子往日总感到屋内沸腾，如坐蒸笼，为何今日在大师这里似乎有凉风吹面一样，一点也不觉得热呢？"

出家人朗声说道："乃静耳。老子云；'清净物之正。'水静则明烛须眉，平中准，大匠取法焉。水落石出静犹明，而况精神？圣人之心静乎，天地之鉴也，万物之镜也。夫虚静恬淡、寂寞无为者，天地之平而道德之至也。世间凡夫俗子，为名、为利、为妻室、为子孙，心如何能静？外感热浪，内遭心烦，故燥热难耐。大人或许还要忧国忧民，畏谗惧讥，或许心有不解之结，肩有未卸之任，也不能心平气静下来，故有如坐蒸笼之感。切脉时，我以己心静感染了你，所以就不再觉得热了。"

人在充满焦虑的时候，灵魂和内心更需要独处时的宁静。这片宁静可能在高山上，可能在大海边，也可能藏在一所乡村小屋中。只要敢于独处，用心去体味，就能体会到它的妙用。

不要害怕寂寞，它能够使你暂时放下心中的惦念，获得片刻悠闲。很多时候，享受寂寞就是在享受生活。

3.依靠自己是唯一稳妥的生活方式

你凭什么能在这个世界上生存下来，而且生存得比其他人更好？

答案有两种可能：一是你有庞大的家业可继承，天生就可以过衣食无忧的生活；二是你具备优秀的生存本领，凭智慧和汗水获得想要的幸福。

一向养尊处优的你，或许从来没有机会考虑生存的压力，因为即使天塌下来也有父母为你扛着，所以你觉得现在考虑生存的问题为时尚早。

然而，不管一个人是否有能干的父母或不菲的家业做后盾，他都必须有生存的本领，不能依靠别人生活一辈子。否则，一旦失去后盾，他将一无所有，甚至连基本的生存都成问题。

美国加州的蒙特雷镇曾发生过一场鹈鹕危机。蒙特雷是鹈鹕的天堂，可那一年鹈鹕的数量却骤然减少。生物学家担心出现禽鸟瘟疫，环境学家认为海水污染已经超过极限，一时间人心惶惶。

科学家们最后发现原因是镇上新建的钓饵加工厂。以往，蒙特雷的渔民在海边收拾鱼虾时，总是把鱼内脏扔给鹈鹕吃。久而久之，鹈鹕变得又肥又懒，完全依赖渔民的施舍过活。后来，蒙特雷镇建起了一座加工厂，从渔民那里收购鱼内脏，作为原料生产钓饵。自从鱼内脏有了商业价值，鹈鹕们的免费午餐就没了。

过惯了饭来张口的日子，鹈鹕仍然日复一日等在渔船附近，期盼食物能从天而降，不用说，救命的鱼内脏没有降临，它们变得又瘦又弱，很多都饿死了。世世代代靠别人养活的蒙特雷鹈鹕已经丧失了捕鱼的本能。

或许现在的你正像鹈鹕一样，为一直以来吃着父母提供的食物而沾沾自喜。吃饱了上一顿，继续等待家人提供下一顿，可你为什么不想想鹈鹕失去免费食物后的潦倒状况呢？

如果过惯了养尊处优的生活，很容易变得懒惰，失去理想和追求，我们的生活也就失去了意义。

一天，下着瓢泼大雨，一个男人在屋檐下躲雨，看见一位禅师打着雨伞走过来，大声喊道："禅师，度我一程如何？"

禅师看了一眼求助的男人，说道："我在雨里，你躲在屋檐下，何必要我度你呢？"

听禅师这么说，男人立刻冲到雨中："现在我也在雨中了，应该可以度我了吧？"

禅师说："我也在雨中，你也在雨中。我没有淋雨是因为我撑了雨伞，你挨雨淋是因为你没有带伞。准确地说，不是我度你，而是我的伞度我。如果要度，不必找我，请你去找自己的伞。"

这个人浑身都湿透了，生气地说："不愿意度我就直说，何必绕这么大的圈子。我看你不是'普度众生'而是'专度自己'！"

禅师听了没有生气，而是心平气和地说："想要不淋雨，就要自己找一把伞。现在是雨季，天天在下雨，下雨天出门不带伞，只想着别人肯定会带伞，理所当然会有带伞的人来为你遮挡风雨，所以才会挨雨淋。别人的伞不大，自己也要靠这把伞来遮挡，你凭什么要拿伞的人来照顾你呢？"

最后，禅师还说："你自己不带好遮挡风雨的东西，只想着靠别人来度自己，这种想法最害人，到头来必定会遭报应的。"

做人要承担起对自己的那份责任，照顾好自己，不要指望别人为你遮风挡雨。

人生就是阳光灿烂与风雨交加轮换交织的过程，每个人都难以避开自己不喜欢的风风雨雨，这是必须正视的命运。要避免在旅途中受到狂风暴雨的摧残，就要撑起自己遮风挡雨的雨伞。如果像这个雨季出门不打伞的人那样，把希望寄托在别人身上，结局也只能是和他一样。

找到自己喜欢的好工作，在竞争中不被淘汰出局，好机会出现的时候抓住它，照顾好自己的身体，解决遇到的困难，挺过寒冬……这些都是你对自己的责任。事关你的明天，甚至一生，要靠你自己，不能指望别人为你解决这些问题。

你是一个自由人，自由意味着没有人能随便约束你的行动，也没有人会为你承担照顾自己的责任。即使有人能够帮你一些，也不可能代替你自己，最重的那块还得你自己扛。你不能指望无权无势的父母帮你搞定大城市的一份好工作，你不能指望做生意发了财的同学把自己的房子送给你，你不能指望病了的时候有人为你承担病痛，你不能指望被辞退的时候有人为你找老板说情……

能够在风雨交加的日子里照顾好自己已经很不容易了，他们又能帮你多少呢？你就是自己人生成败的第一责任人。你的一生要靠你自己，不要把希望寄托在别人身上，不要成为亲朋好友的负担，更不要成为令人头疼的"麻烦制造者"。

想在这个世界生存下去，生活得更好，就应该靠自己的认真努力去争取。让自己独立，依靠自己是唯一稳妥的生活方式。

美国的富商、石油巨子大卫·洛克菲勒的成长经历就是很好的例子。

大卫是石油大王约翰·洛克菲勒的儿子，他出生的时候，家里已经有亿万资产，可他们兄弟每周的零花钱只有3角。同时，按父亲的要求，每人还必须准备一个小账本，将零花钱的使用去向记录在上面。经过检查，如果使用合理，能得到奖励。

他的父亲让他从小就懂得了金钱的价值，零用钱是有限的，如果想获得更多的钱，怎么办？方法只有一个：自己去赚。

大卫小的时候从家庭杂务中挣钱，例如捉走廊上的苍蝇100只，得1角；抓阁楼上的老鼠，每只可得到5分。他有一招更绝，他设法取得了为全家擦皮鞋的特许权，然而，他必须在清晨6点起床，以便在全家人起床之前完成工作，擦一双皮鞋5分，一双长统靴1角。

大卫有一位大学同学，是花钱大手大脚的富家子弟，甚至可以在开口索要之前就得到想要的任何东西。可大卫说："他是我认识的最不幸的人，他换了无数次工作，永远也无法发挥自己的能力。"

正是这种"想要用钱自己挣"的思想，激励着大卫后来取得了辉煌的成就，将父亲约翰·洛克菲勒的财富延续了下去。

自立，虽然会暂时迫使你抛掉眼前的锦衣玉食，甚至要吃不少苦头，但它却是你今后获得幸福生活的资本；而依赖和懒惰，尽管给现在的你提供了安逸的生活，却是你精神上的毒瘤，让你的人生腐朽，堕落潦倒。不管你的家底多么丰厚，也不应该呆在家里"坐吃"父母，一味"啃老"，而要多寻找机会，锻炼自己，独立自强。不要等到老了，时光与青春都失去了才后悔莫及。

4.为自己打造一颗贵族的心

生活中，有些人羡慕"贵族"，所以成了"跪族"。在这个物欲横流的社会，人极容易迷失自己。断定一个人是"贵族"还是"跪族"，不是看他的财产和地位，而要看他是否拥有一颗高贵的心灵。

商业社会是一个名利场，名利自然是名利场的招牌，大多数人一辈子向往的、追求的不就是这些东西吗？因为有了这些东西，好比泥胎镀了金身，立时就会显得高贵起来。

但是，这种高贵只是表面和形式上的高贵。真正高贵的人并不一定能拥有这些，而拥有这些的人则未必高贵。

一位拾荒的老人曾感动了全中国。那是一个大雪纷飞的冬天，一位拾荒老人和往常一样，提着一个袋子寻找还可以卖上价钱的废品。从她佝偻的背影可以看出她生活的艰辛。这时，她看到一个包着东西的塑料袋，她想，这塑料袋里可能有塑料瓶之类可以卖钱的东西，于是就把这塑料袋捡了起来。当她打开袋子时，发现里面竟是一大摞钱，有7000元，这对于她来说，无疑是一笔巨款。要换了平常人，捡到这么多，又四处无人，就算最后决定交出去，之前也会有一番心理上的挣扎。

可这位老人竟毫不犹豫地走了几千米，直接来到公安局，将这笔钱交给了警察。然后，老人又带着警察到现场去勘察了一番，等她回来做完笔录，已经是上午11点多了。这时，老人面露窘色，对办案的民警说："小伙子，你能借我一块钱吗？我到现在连早饭都还没有吃，想买俩馒头填填肚子。"

当时在场的人都愣住了，继而争先恐后地掏出钱来塞给老人，但老人坚持只要一块钱，一分钱也不多要，大家都被老人的举动给感动了。

这位老人宁愿借钱也不肯动这7000元钱的一分一毛。要知道，这7000元钱足够这位老人吃20年的早饭。但是老人却想，这些钱可能是某个农民工辛苦一年攒下来回家过年的，也可能是哪个人用来治病救人的救命钱，也可能是哪个孩子等上大学的学费，丢钱的人一定心急如焚，她只想着赶快把钱还给丢钱的人，其他的没有多想。

如今社会，有为钱杀人放火的，有为钱坑蒙拐骗的，有为钱贪污受贿的……能做到拾金不昧的人实在少之又少。可是这个老人做到了，她的行为是高尚的，她之所以让人震撼、感动，是因为她有一颗高贵的心。

是啊，即使没有贵族的身，也有一颗贵族的心。老人的行为真正诠释了那句千古传诵的名言：贫贱不能移。

人生是一次艰辛坎坷、充满挑战、充满挫折的旅途，有太多的理由让我们放弃自己、放弃灵魂、放弃理想。为了名利，有太多的人放弃了尊严，宁愿成为权贵豢养的"哈巴

狗"，也不愿成为骄傲的狼。在他们看来，一颗贵族的心毫
无用途。

　　英国劳埃德保险公司曾从拍卖市场买下了一艘船。这
艘船1894年下水，在大西洋上曾138次遭遇冰山，116次触
礁，13次起火，207次被风暴扭断桅杆，然而它从没有沉
没过。

　　劳埃德保险公司基于它不可思议的经历及在保费方面带
来的可观收益，最后决定把它从荷兰买回来捐给国家。现在
这艘船就停泊在英国萨伦港的国家船舶博物馆里。

　　不过，使这艘船名扬天下的却是一名来此观光的律师。
当时，他刚打输了一场官司，委托人也于不久前自杀了。尽
管这不是他的第一次辩护失败，也不是他遇到的第一例自杀
事件，然而，每当遇到这样的事情，他总有一种负罪感。他
不知该怎样安慰这些在生意场上遭受了不幸的人。

　　当他在萨伦船舶博物馆看到这艘船时，忽然产生了一种
想法：为什么不让他们来参观这艘船呢？之后，他便把这艘
船的历史抄了下来，和这艘船的照片一起挂在自己的律师事
务所里。每当商界的委托人来请他辩护，无论输赢，他都建
议他们去看看这艘船。它使我们知道：在大海上航行的船没
有不带伤的。

　　现实生活中有颗贵族的心，能让我们不在灯红酒绿的社
会中迷失自己。无论处在什么样的环境下，就算再恶劣、再

贫穷，也不能轻言放弃。

大多数人的生活注定平凡，但是，平凡并不意味着我们不能变得高贵。不亢不卑，内心充实，塑造自己独特的魅力与人格，为自己打造一颗贵族的心，并使它在繁琐而细碎的生活中绽放光彩，就如那句广告词，"平凡而不简单"。当我们拥有一颗贵族的心，就算是在普通、庸俗的生活中，也可以使自己过得优雅而有品味，时时散发出独一无二的魅力。

5.像艺术家一样热爱并设计生活

若你觉得日子如白开水，淡而无味，你可以加点蜂蜜，或者煮开了泡几朵玫瑰花瓣，或者一小撮绿茶，或者冲咖啡……你能做的很多，可以无极限发挥你浪漫的创意，让生活变得不再平淡。生活需要变化，这样才能让人觉得有新鲜感，才能长时间保持活力。

如果我们能像艺术家一样热爱并设计我们的生活，那么我们的日子必然会是另外一番模样。

王小波曾经把人分为有趣和无趣两种。在一个无趣的时代、无趣的社会做个有趣的人，不容易。要做一个有情趣的人，首先要热爱生活，对万事万物充满爱心；其次要善于观察生活，体验生活，发现生活的情趣；再次要善于运用联想和想象去发现生活中的美和情趣。

纵观历史长河，史上圣人出了不少，有趣的人可不多，苏东坡算一个。古人有人生四大乐事之说，苏东坡则认为，人生赏心乐事不单只有四件，而有十六件：清溪浅水行舟；微雨竹窗夜话；暑至临溪濯足；雨后登楼看山；柳阴堤畔闲行；花坞樽前微笑；隔江山寺闻钟；月下东邻吹箫；晨兴半炷茗香；午倦一方藤枕；开瓮勿逢陶谢；接客不着衣冠；乞得名花盛开；飞来家禽自语；客至汲泉烹茶；抚琴听者知音。从这十六件乐事中可见，苏东坡极热爱生活，乐观入世，也懂得享受生活，是不折不扣的有趣之人。

"生活从来都不缺少美，而是缺少发现"。生活中，追求情趣很重要，能使我们感受到人生的美好，使我们更加热爱生活。一个人不能光知道工作，偶尔要做一些"无用"之事，做有情趣之人。风和日丽时，躺在草地上看云，下雨天打伞听雨声，晚上看月亮数星星，躺在床上胡思乱想自己的前世今生……这些看似无用的事，使我们的人生多了几分情趣。

生活中积极向上、善良快乐的人，总是很有生活情趣。无论生活多么紧张、烦杂、无奈，他们热爱生活的心是不会变的。和这样的人在一起，能鼓舞你生活的信心，让你感悟生活的快乐。

有人把生活比喻成一首歌，其实这歌并不都是欢快得令人陶醉的娱乐。它有忧伤，有凄凉，有哀痛和呻吟。只有真正懂得生活的人才会把它仍然当作一首歌来唱,将自己的嗓音调整到最佳状态,努力地把握好每一个音节,就连那伤心伤情之处也要表现得凄美而惨烈。

人们总是羡慕功成名就、百事百顺的人,认为他们是生活中的成功者,认为只有这些得到生活回报的人才会对生活充满感激、信心和激情。其实,真正懂得生活的人,对生活充满爱意的人,是那些在生活中遭遇挫折和不幸的人;是那些深知生活在世上,有快乐就有悲伤,有成功就有失败,有苦涩就有甘甜的人;是那些对生活没有过多奢求而认认真真生活的人;是那些把生活本身当作幸福的人。

有趣和身份、地位、年龄无关。有趣幽默之人,往往富有理解力,也唯有这种人,方能从平凡的生活中寻出无尽的乐趣。

当我们对待工作,不,是对待整个生活都像一个艺术家一样,敏锐地洞察每一片段之美,怀着婴儿般的好奇心去探索每一个角落,以超凡的想象力、创造力来做每一件事时,那该是多么美妙啊!世界每日常新,有那么多事情等待我们去发现,去创造,去感受,去爱,去超越。

6.不学习的人生，就像是列车抛锚一样

　　学问要通过不断地学习才能内化成自己的东西。一个人即使天赋再好，也不可能随便就将不是自己的东西据为己有，顶多是在学习的时候比别人快一些。同样的，一个人就算是天赋一般，但只要能坚持不懈地学习，迟早会有成大器的一天。

　　人生是需要不断充电的，整个社会都在不断前进，如果你不升级自己，那么唯一的后果就是被社会抛弃。只有不断地充实自己，我们才能让自己赢在起跑线上。

　　知识长时间地搁置会随着时间的推移而逐渐被淡忘，若是不回头温习，再不吸收新的知识，只怕仅有的一点知识也会荡然无存。

　　求学是个积累的过程，没有人可以不下苦工就拥有大学问。

　　王安石《伤仲永》中讲述了一个神童最终变成普通人的故事。仲永天资聪慧，五岁即能指物作诗，且文理皆有可观者，一时之间，他的名气传遍乡里。人人都对此非常好奇，因此有很多人请仲永的父亲做客，拿钱请仲永作诗。仲永的父亲见有利可图，就拉着仲永四处作诗，结果耽误了学习。几年以后，这个神童就变得和普通人一样了。

葛洪说："学之广在于不倦，不倦在于固志。"人的生命是有限的，而学问是无限的。一个人有了一定的学问，又能够认识到自己的学识、能力还不够，从而不断学习，不断进步，养成了这种习惯，学问就会越积越多。学问积累得越多，就越有智慧，志向就越来越大，成就也会越来越让人刮目相看。

左思是西晋太康年间的著名学者，他的《三都赋》在京城洛阳广为流传，人们啧啧称赞，竞相传抄，一下子竟使得洛阳纸贵。为了抄写这篇千古名赋，不少人甚至跑到外地去买纸。

不过，左思少年时并不是非常聪明，他貌不惊人，说话结巴，看起来一副痴痴呆呆的样子。他的父亲左雍还曾对朋友说："左思虽然成年了，可是他掌握的知识和道理还不如我小时候。"

左思不甘心受到这种鄙视，开始发愤学习。当他读过东汉班固写的《两都赋》和张衡写的《两京赋》后，虽然很佩服文中的宏大气魄、华丽辞藻，可也看出了其中虚而不实、大而无当的弊病。从此，他决心依据事实和历史的发展，写一篇《三都赋》，把三国时魏都邺城、蜀都成都、吴都南京写入赋中。

他在卧室、厅堂、门前、厕所等，凡是平常出入的地方都放着书籍，以便时刻学习，并在旁边放上了纸笔，只要一想到好的句子，便立刻写下来。如此，一直过了十年，功夫不负有心人，终于让他写出了传世华章《三都赋》，轰动了整个京师，左思也随之名声大噪。

　　经过几千年累积的知识是浩瀚无垠的，我们所学到的只不过是沧海一粟。同时，知识无时无刻不在以很快的速度更新，我们能够掌握的知识实在有限，若不能长期持之以恒地学习，很快就会感到知识匮乏。

　　有句老话说得好，叫"活到老，学到老"。人的一生应该不断学习新的东西，学习是一辈子的事，没有年龄阶段的限制。正由于这种孜孜不倦的学习精神，随着年龄的增长，人们对世事才会有更高的领悟。

　　学习是一种进取的精神。正是由于有了这种精神的存在，人生才有意义。过去的成绩仅仅代表过去，我们应当注重的是未来。人应当在进步中体会自己的人生价值，体会人生的快乐，从求知中获得幸福和满足。人类社会越来越文明，作为个体的人，一生中需要学习的东西就越多。

　　有人将人生比作一辆车，唯有不停地学习，才能使生命的车轮不停前进，才能感觉到生命的动力，从而品尝到生命成长的喜悦。不学习的人生就像车抛锚一样，停在原地不动，只会慢慢生锈。

7.不忘初心，方得始终

相信很多人都有过这样的经历：在面对未知事物时，心中略微会有一种不安、自卑，如果此时有人自愿、主动帮助你学习、理解这一未知事物，你就会保持高度集中的注意力以及极快接纳知识的速度。这种对未知事物的注意力以及极快的接纳速度源于对知识的好奇。

心理学认为：好奇心是个体遇到新奇事物或处在新的外界条件下所产生的注意、操作、提问的心理倾向。它容易被外界刺激物的新异性唤醒。好奇心反映了个体的认知需求，不同的个体面对同样的认知信息，会产生不同水平的好奇心，它的强度与个体对相关信息的了解程度有关。

所以，我们需要对知识充满好奇，永远保持初学者的心态，即使你已被公认为大师、教授，面对知识的更新、出现，仍需要保有好奇心。

爱因斯坦说他之所以能取得成功，原因在于他具有狂热的好奇心。美国学者希克森特·米哈伊在谈到好奇心的重要性时说："好奇心需要被保护，也许所有的孩子都有好奇心，但这种对事物的好奇是否能保持到成年甚至老年，很难说。"

在剑桥大学，维特根斯坦是大哲学家穆尔的学生。有一天，罗素问穆尔："谁是你最好的学生？"穆尔毫不犹豫地说："维特根斯坦。"

"为什么？"

"因为，在我的所有学生中，只有他一个人在听我的课时，老是露着迷茫的神色，老是有一大堆问题。"

罗素也是个大哲学家，后来维特根斯坦的名气超过了他。

有人问："罗素为什么落伍了？"

维特根斯坦说："因为他没有问题了。"

德国著名化学家李比希把氯气通入海水中提取碘之后，发现剩余的母液中沉积着一层红棕色的液体。他虽然感到奇怪，但并未放在心上，武断地认为这不过是碘的化合物，只在瓶上贴张标签了事。直到后来一位法国科学家证实这是新元素溴，李比希才恍然大悟。他因此称这个瓶子为"失误瓶"，以告诫自己。

达尔文从小就爱幻想，他热爱大自然，尤其喜欢打猎、采集矿物和动植物标本。他的父母十分重视和爱护儿子的好奇心和想象力，总是千方百计地支持孩子的兴趣和爱好，鼓励他去努力探索，这为达尔文写出《物种起源》这一巨著打下了坚实的基础。

有一次，小达尔文和妈妈到花园里给小树培土。妈妈说："泥土是个宝，小树有了泥土才能成长。别小看这泥土，是它长出了青草，喂肥了牛羊，我们才有奶喝，才有肉吃;是它长出了小麦和棉花,我们才有饭吃,才有衣穿。泥土太宝贵了。"

听到这些话,小达尔文疑惑地问:"妈妈,那泥土能不能长出小狗来?"

"不能呀!"妈妈笑着说,"小狗是狗妈妈生的,不是泥土里长出来的。"

达尔文又问:"我是妈妈生的,妈妈是姥姥生的,对吗?"

"对呀!所有的人都是他妈妈生的。"妈妈和蔼地回答他。

"那最早的妈妈又是谁生的?"达尔文接着问。

"是上帝!"妈妈说。

"那上帝是谁生的呢?"小达尔文打破沙锅问到底。

妈妈答不上来了,她对达尔文说:"孩子,世界上有好多事情对我们来说是个谜,你像小树一样快快长大吧,这些谜等待你们去解呢!"

达尔文七八岁时,在同学中的人缘很不好,因为同学们认为他经常"说谎"。比如,他捡到了一块奇形怪状的石头,就会煞有介事地对同学们说:"这是一枚宝石,可能价值连城。"同学们哄堂大笑,可是他却并不在意,继续对身边的东西发表类似的另类看法。还有一次,他向同学们保证说,他能够用一种"秘密液体"制成各式各样颜色的西洋樱草和报春花,但他从来就没有做过这样的试验。久而久之,老师也觉得他很爱"说谎",把他的问题反映到了达尔文的父亲那里。父亲听了,却不认为达尔文是在撒谎,而是在想象。

有一次，达尔文在泥地里捡到了一枚硬币，他神秘兮兮地拿给他的姐姐看，并一本正经地说："这是一枚古罗马硬币。"姐姐接过来一看，发现这分明是一枚十分普通的18世纪的旧币，只是由于受潮生锈，显得有些古旧罢了。对达尔文"说谎"的行为，姐姐很是恼火，便把这件事告诉了父亲，希望父亲好好教训他一下，让他改掉令人讨厌的坏习惯。可是父亲听了以后，并没有在意，他把儿女叫过来说："这怎么能算是撒谎呢？这正说明了他有丰富的想象力。说不定有一天他会把这种想象力用到事业上去呢！"

达尔文的父亲把花园里的一间小棚子交给达尔文和他的哥哥，让他们自由地做化学试验，以便使孩子们的智力得到更好的发展。达尔文10岁时，父亲让他跟着老师和同学到威尔士海岸去度过3周的假期。达尔文在那里大开眼界，观察和采集了大量海生动物的标本，由此激发了他采集动植物标本的爱好和兴趣。

没有好奇心，没有想象力，就没有今天的"进化论"。而达尔文的父母最成功之处就在于特别注意爱护儿子的想象力和好奇心。

小时候，我们认为周围的一切很神秘，总会有些出乎意料的事物等待我们去观察、探索、询问、操作或摆弄。然而，随着时间的流逝，很多人不再对周围事物怀有探索、询问的心理倾向。

　　只有对事物永远充满好奇，才能使我们始终保持一种初学者的心态，如饥似渴地吸取知识中的营养成分，进而获取极大的进步。

Part 4

欲望极简

——和固执的自我坦诚相对

第十章

呼吸在，所以你一切都在

1.工作是自己的，健康更是自己的

工作重要吗？当然重要，绝大多数人要靠工作来维持个人和家庭的生活，没有了工作，就意味着没有了生活的来源。因此，从个人的角度来说，工作是非常重要的。

工作的重要性还在于，它不仅是维持生存的手段，也是健康和能力的表现。工作是否认真积极，有个人的思想成分，也与个人的健康状态密切相关。一个健康的人处事乐观、豁达大度、积极向上，反映在工作上就是认真负责，工作效率高。当一个人状态不好的时候，工作效率就会低下，永远感觉有忙不完的活，手头也会堆积着很多工作，最后形成"恶性循环"。从这个角度看，一个人能够高效地工作，也是健康的体现。

现在有人提出了一个观点，叫"享受工作"，他们将工作完全融入到生活中，生活就是工作，工作就是生活。他们享受着工作所带来的乐趣，并把乐趣与身边的朋友分享。

任何事情都有两面性，工作虽然对我们的生活很重要，但我们还有更重要的东西，那就是健康。"身体是革命的本钱"，没有了健康的身体，工作也就没有了载体。工作很多时候是为了别人，而健康绝对是为了自己。你所获得的健康只有你自己能享受，别人不能拿走一丝一毫。

没有了健康，工作也会随之失去，我们身边有很多这样的例子。在单位中，中层工作者是最忙碌的，"上有大，下有小，回到家里还有一团糟"。

李楠是某知名企业的中层管理者，30多岁，正处于人生的巅峰时期。像大多数人一样，他每天起早摸黑忙于工作，在家里也是忙里忙外，身体慢慢出现了一些不好的症状。妻子劝他到医院检查一下，休息几天，但他总说："我休息了，工作谁来完成呢？"终于有一天，他彻底病倒了，只能躺在医院里。他的工作在他躺下的第二天就由别人接替了。此时的他才明白，他的工作是可以替代的，而健康却没有人可以替代！

所以，任何时候，无论工作多忙，我们都要时刻关注自己的健康，这不仅是为了家庭，更是为了自己。

健康的身体不光是良好的工作效率的保障，更是拥有美好生活的基础。

南方某城市的调查显示，目前高血压的发病年龄比10年前提前了10岁，从20世纪80年代以前的60多岁，到90年代的40多岁，到当前的30多岁。这些数据都说明，目前我们的健康状况非常不容乐观，尤其是年轻的上班族。身为白领一族的你，身体是不是健康，完成下面的小测试就可以有一个大致的了解：

心脏功能测试

向前弯腰20次，前倾时呼气，直立时吸气。做运动前先测定并记录自己的脉搏（1分钟内的脉搏跳动次数），此为数据I；做完运动后立即再测一次脉搏（1分钟内的脉搏跳动次数），为数据II；1分钟后再测，得数据III。将三项数据相加，减去200，除以10，即（I+II+III−200）÷10。如所得数为0~3，表明心脏功能极佳；3~6为良好；6~9为一般；9~12为较差；12以上，应立即就医。

体力测试

如能一步迈两个台阶，快速登上五层楼，说明健康状况不错；如果气喘吁吁，呼吸急促，说明健康状况较差；登上三层楼就感到既累又喘，说明身体虚弱。

仰卧起坐测试

1分钟为限，记录次数。最佳情况为：20岁，45~50次；

30岁，40~45次；40岁，35~40次；50岁，25~30次；60岁，15~20次。

呼吸测试

在安静状态下正常呼吸，记录每分钟的呼吸频率（一呼一吸为2次）。下述频率为各年龄段的最佳值，超过或低于该数值者属于欠佳：20岁，35~40次；30岁，30~35次；40岁，20~30次；50岁，15~20次；60岁，10~20次。

屏气测试

深吸一口气，然后屏气，时间越长越好，再慢慢呼出，呼出时间3秒钟最理想。最大限度屏气，一个20岁健康状况甚佳的年轻人，可持续90~120秒；年满50岁的人，约30秒左右。

当我们的健康出现问题时，身体就会背叛我们，使我们失去很多，比如工作、生活、家庭等。所以，无论工作多么重要，身体永远是第一位的。

2.好身体，难敌坏心态

"一方一净土，一笑一尘缘。一念一清净，心是莲花开。"如此梵音，定来自一片宁静之心，也体现了佛家圣人看待外物的心境。

弘一法师也说过："以佛法来讲，一切人生理上的病，多半是由心理而来。所谓心不正，心不净，人身就多病。什么叫净心呢？平常无妄想、无杂念，绝对清净，才是净心。有妄想、有杂念、有烦恼，是因喜怒哀乐、人我是非而来的。"

许多人认为身体不好是一个不能克服的巨大障碍，但下面的故事会告诉大家一些道理。

在英国的一个小农场里，生活着来恩一家人。

虽然来恩凭借健康的身体每天起早贪黑地工作，但仍然不能使农场生产出更多他的家庭所需要的产品。这样的生活年复一年地过着，直到来恩患了老年全身麻痹症，卧床不起，几乎失去了生活自理能力。

凡是认识他的人都确信，他将永远成为一个失去自由和希望的病人，他不可能再为这个家做些什么。可是，来恩却不这么想，他的身体是不能动弹了，但他的心态并没有受到影响。他在思考、在计划，他要用另一种方式供养他的家庭，他不想成为家庭的负担。

他把他的计划讲给大家听："我很遗憾，再也不能用我的身体劳动了，所以我决定用我的头脑从事劳动。如果你们愿意的话，你们每个人都可以代替我的手、脚和身体。我的计划是把我们农场的每一亩地都种上玉米；再用所收的玉米喂猪；当我们的猪还幼小时，就把它们宰掉，做成香肠，然后把香肠包装起来，取一个我们自己的名字，送到零售店出售。"他低声轻笑，接着说道，"也许这种香肠会在全国像热糕点一样出售。"

　　来恩说出了一句最成功的预言。这种香肠确实畅销了！几年后，"来恩乳猪香肠"成了最能引起人们胃口的一种食品。他躺在床上看到自己成了百万富翁很高兴，因为他是一个有用的人。

　　来恩以自己的经历撰文，给那些因为生理残障而绝望的病人，其中有这样一句话："如果人生交给我们一个问题，它也会同时交给我们处理这个问题的能力，而绝不会使我们陷入窘境。每当我们受到阻碍不能正常地发挥我们的能力时，我们的能力就会随之变化。即使你的身体处于一种极不好的状态中，只要你的心态是好的，你仍然可以过着对社会有用的幸福生活。"

　　因此，身体的残疾不是最可怕的，最可怕和危险的是一个人的心态失衡。一个各方面都健康的人，如果他不能以"健康"的心态去面对生活，坏心态很容易将他打垮，就像下面故事中的保罗。

　　保罗有一个温暖的家、温柔的妻子和高薪的工作，但他的情绪却非常消沉。他总是感到呼吸急促、心跳加快，喉咙也像长了什么东西一样有种梗塞感。医生劝他在家休息，暂时不要工作。他反而认定自己身体的某个部位有病，快要死了，甚至为自己选购了一块墓地，并为他的葬礼做好了准备。一段时间之后，并没有更坏的事情发生，但是由于恐惧，他仍然心神不宁，体重骤减，甚至感到所有的病症更加明显。这时，他的医生命令他到海边去度假。

由于心里惶惶不安，海滨之旅并没有减轻他的恐惧感。一周后，他回到家里，开始静等着死神降临。

保罗的妻子也对他的样子充满了疑问，但她不愿意莫名其妙地等待，于是将他送到了一所有名的医院进行全面检查。医生笑着告诉他："你的身体壮得像头牛，你的症结是吸入了过多的氧气。"面对令保罗瞠目的诊断结果，他将信将疑地问："我该怎么办呢？"医生说："当你再感觉到这种不适时，可以暂时屏住气，或拢起双手放到嘴前向掌心呼气，也可以用这个。"医生递给他一个纸袋。之后，他便遵医嘱行事，结果，他所有的症状都不复存在了，离开医院时，他变成了一个非常愉快的人。

当他重新坐到办公桌前时，他不知道应该感谢自己的妻子还是医生，但有一个答案是确凿无疑的：好身体难敌坏心态。

佛经中说："清净心植众德本。"

弘一法师认为："如果面对一切事物环境，而没有丝毫贪嗔痴的念头，那就是一种功德。对父母不起贪嗔痴，则孝；对国家民族不起贪嗔痴，则忠；对朋友不起贪嗔痴，则义；对一切众生皆无贪嗔痴，则仁爱。所谓心清净就是'不可测、无障碍'。能够做到这一点并不容易，因为人们的心境太容易受到外界的干扰，恶人受丑陋之心的牵引而做坏事，普通人也可能因为执著心、愧疚心等而使自己陷入痛苦，无法自拔。如果人们难以放下懊恼心、欢喜心，我们心灵就会逐步远离宁静，变得焦虑不安。"

由此可见，一个身体完全健康的人如果没有良好的心态，整天疑神疑鬼，不但会影响正常的工作，还很可能会毁了自己的生活。反之，一个身体虽然有某些缺陷，但自始至终拥有积极心态的人，不但自己生活充实，还能做出有益社会的事情。

3.以平和的心态对待疾病

俗话说，有什么别有病，疾病乃人生之大苦。但有人却以豁达的心态，从病痛里滤出了快活的滋味。

苏东坡一向乐观，因偶然得病，悟出了连生病都不是糟糕透顶的事情："闭门野寺松阴转，欹枕风轩客梦长。因病得闲殊不恶，安心是药更无方。"说得何等洒脱真率！

著名诗人臧克家，晚年对于病痛的折磨也不屈服："老来病院半为家，苦药天天代绿茶。榻上谁云销浩气，飞腾意马列无涯。"依然是满腔的豪气。臧老的夫人郑曼更是佩服地说："他是个心量很宽的人，否则也活不到这样的高寿。"

18世纪德国作家诺瓦得斯说："病是教人学会休息的女教师。"钱钟书认为："精神的炼金术能使肉体痛苦变成快乐的资料。"毛泽东对待病痛是"既来之，则安之"。他们在病魔面前都表现得很坦然，以积极的态度对待疾病，从而获得了一种清闲与休息。

人吃五谷杂粮，哪能不得病。病，是一个人生活中乃至生命历程中的一种非常状态。生病自然是痛苦的，可有的人一看自己有病便惶惶不可终日，甚至疑神疑鬼，把自己的病看成不治之症，未免有点太过小题大做。

有一位老人曾被医院诊断患有某严重疾病，回到家后，他自暴自弃，不肯吃饭，也不肯与亲人好好交流，没过几天竟奄奄一息。家人见他如此，只好又将他抬到另一家有名的医院。医生听闻家人的叙述后，轻描淡写地告诉老人，他的病情并不严重，只需吃些中药略加调整，再配合一些日常运动便可。听完医生的建议后，这位老人立即喜笑颜开，早晚配合治疗，数月之后变得红光满面，压根看不出有大病过的迹象。

只要我们能够以平和的心态对待疾病，疾病也不会纠缠我们太久。一个人患病后，思想上自然会产生许多顾虑和苦恼，以致不思饮食，夜不能寐，甚至出现破罐破摔的绝望情绪，这种绝望情绪对人的打击，有时甚至比疾病本身更严重。古代医家称："忧愁悲喜怒，今不得其次，故令人有大病矣。"又说："精神内守，病安从来？"这些都说明精神作用对疾病的影响是何等的重要。

"谁要是能够对悲哀一笑置之，悲哀也会减弱它咬人的力量。"历尽人世沧桑的莎翁，在尝试了种种对抗哀伤的方法之后，最终选择了微笑这一武器。人生有些灾难病痛是人力所难以左右的，与其呼天抢地、悲痛欲绝，让灾难进一步逞威肆虐，摧残我们的心灵，不如乐观坚强地面对不幸，笑对病痛，不让愁云惨雾压摧我们心中那片生机和盎然春意。

面对病痛，恐惧和担心都没有用，也逃避不了。既然不能逃避，不如乐观地迎上去，勇敢地接受它的挑战，做到一息尚存就不言放弃。健康不仅是一种生命的体征，更是一种积极的生命态度。

有病并不可怕，正确的态度是，一不讳疾忌医，"有病早治，无病早防"，小病小治，大病大治，二要情绪乐观，"既来之，则安之"。消极的情绪，可以致病；而乐观的情绪，却可以治病。目前，对许多病采用心理疗法，取得了意想不到的效果。尤其是一些慢性病患者，如果性格顽强，情绪乐观，就可减轻病痛，有利于治疗。

冰心说："在快乐时我们要感谢生命，在痛苦中我们也要感谢生命。快乐固然兴奋，苦痛又何尝不美丽？"

病痛有时是一种财富，一种精神财富。当你在痛苦的缝隙里找到阳光和快乐，你就会长成挺立在天地间的一株参天大树。病痛就像是生活的调味剂，让人最大程度地挖掘自身的潜力,成为生活的强者。只有经历了病痛的磨砺,才能更深刻地体会快乐生活的真谛。

4.当下,就是生命最好的礼物

人生的问题很多,但如果给以高度概括,那便不外"生死"二字。

死是无法回避的,生的末端便是死。对死亡怀有恐惧并不奇怪,人一死,便会失去生活带给他的各种美好。但如果你经历过人世沧桑,活着时尽职尽责地工作,没有虚度时光,那即便是死,也应该死而无憾了。死亡是人生的终结,如同旅途的一个驿站。正像英国作家雨果临终前说的那样:"生命的旅行,总有结束的时候,我该休息了。"

英国著名哲学家、散文家罗素对生死的理解很形象:"每个人的人生都应该像河水一样,开始是细小的,流在狭窄的两岸之间,然后,热烈地冲过巨石,滑下悬崖。渐渐地,河道变宽了,河岸扩展了,河水流得更平稳了。最后河水流入海洋,不再有明显的间断和停顿,而后毫无痛苦地摆脱了自身的存在。"

能这样理解自己一生的人,不会因害怕死亡而痛苦,因为他们所珍爱的一切都将存在下去。

如果我们都能像罗素那样，把人生比作河水，不知不觉地融入大海，毫无痛苦地失去自身的存在，那就不会感觉到死的恐惧。当死亡来临之际，坦然面对死亡，把它当作生命过程里的一个环节，像雨果那样轻松地说："我该休息了！"

圣严法师说："人活着不过是在一呼一吸之间，呼吸在，所以你一切都在。"

日本知名作家村上春树也说："死亡并不是生命的反义词，它是生命的一部分。"

禅宗还有句名言："大死一番，再活现成。"

倘若不以身体作为死亡的依据，人的一生当中，总是要面临无数次死亡与重生的体验——大多数人，终其一生，费尽心思追寻的是：得不到的财富、不确定的爱情、如过眼云烟的名利，却很少人能够停下来想一想，要如何正视终须面对的死亡。生死其实是同一件事的两面，生时不能无忧，临死必将慌乱。

人生是一连串的未知、不确定，唯一可以确定的就是"死亡"，却也是人们最难以接受的事实。悲恸、号啕与怨天尤人都于事无补，唯有坦然接受，好好准备。

死亡是很多人的忌讳，但谁能决定死亡？死亡到底教会了我们什么？面对生死，恐惧是多余的，唯有面对。面对"有生必有死"的必然现象，犹如天下没有不散的筵席，就像我们现在对谈，结束后就要分开。见面是缘，分开也是缘。

在《杂阿含经》卷第三十三中，佛陀以四种良马譬喻众生的根器。认为最利根的人听闻老病死苦，心中便会生出警惕，依正法思维而调伏身心，有如上等的良马，见鞭影即知行进的方向；比较次等根器的人，则是在见到邻里有人受老病死苦时，便心生警惕而发心修行，这样的人有如次等良马，虽然不能在睹见鞭影时即知前进，但只经鞭杖轻触毛尾后，便知如何行走；第三等善根的人，则是要见到自己亲近的人深受老病死苦时，方才惊觉而发心修行，就如第三等良马，要等鞭杖轻抽，肌体微疼后，才知策进；第四种人，则要自己身遭老病死苦的折磨之后，才能认真面对生命的苦恼，犹如拉车的马，虽经鞭子抽打仍不知策进，非得以铁锥刺身，彻肤伤骨之后才惊觉，进而"牵车着路，随御者心，迟速左右"。至于顽劣难以教化的劣马，则是伸颈狂嘶，作势噬人，前脚跪地，后脚踢人，不愿就轭，即或受轭，稍受鞭杖，便断缰折勒，纵横驰走。

前生已逝，未来未到，这都不是我们可以掌握的；唯有每一个现在，才是我们可以把握住的。

因此，我们不必因为终将死亡而变得消极虚无，也不必因为今生的不美满而寄望来世。把握"当下"的生活态度，其实早已决定了我们的幸福与悲哀。

在每一刻的现在，学习努力，并在每一刻的当下练习"为而不有"，那么，每一刻都将是圆满的结束，也将是崭新的开始。

孔子的学生季路问孔子："敢问死?"

子曰："未知生，焉知死。"

可见，在了解死亡的意义之前，要先知道怎么活。

在现实的世界里，不必以生死命题来钻牛角尖，也毋须在虚幻中迷失自己。因为，人生是永远的舍弃和永远的追求。我们无法预知死亡，唯一能做的就是活在现在，活在当下。

当下，就是生命最好的礼物。

"生如夏花之绚烂，死如秋叶之静美"，这是生的境界，也是死的境界。是痛苦地生存，还是快乐地死亡，让尊严归于尘土，只有真正尊重生命、参透生命的人，才能正确地把握。

5.热爱生命，就像没有明天一样

生命的无常和短暂，不应当成为我们厌弃人生的理由，相反，我们应该用一种更加积极的态度去生活，那就是：珍惜生命，热爱生命。

杰克·伦敦那篇著名的《热爱生命》的小说里，淘金人历尽苦难和艰辛，从死亡线上挣扎过来，使人们觉得人的生命力是那么强大，人的生存欲望是那么强烈。只有在死亡的边缘，人们才会深切感受到生的可贵。

只有失去过才知道拥有的可贵，然而，生命不能做这样的游戏，因为生命只有一次。既然"人身难得"，我们就更应当珍惜这永不复再的生命。我们应当用虔敬的、感激的、清醒的态度和最大的热情、勇气，去过好生命的每时每刻。

有个叫阿巴格的人生活在内蒙古草原上。有一次，年少的阿巴格和他爸爸在草原上迷了路，阿巴格又累又怕，到最后已经走不动了。这时，爸爸从兜里掏出5枚硬币，把一枚硬币埋在草地里，把其余4枚放在阿巴格的手上，说："人生有5枚金币，童年、少年、青年、中年、老年各有一枚，你现在才用了一枚，就是埋在草地里的那一枚，你不能把5枚都扔在草原里，你要一点点地用，每一次都用出不同来，这样才不枉人生一世。今天我们一定要走出草原，你将来也一定要走出草原。世界很大，人活着，就要多走些地方，多看看，不要让你的金币没有用就扔掉。"在父亲的鼓励下，阿巴格终于走出了草原。长大后，阿巴格离开了家乡，成为了一名优秀的船长。

大仲马在《基督山伯爵》末尾写道，人类的全部幸福就在于希望和等待之中。希望是幸福，等待是幸福，活着是最大的幸福。如果失去生命，伟大的理想、幸福的生活、快乐的人生，这只能是我们脑海中的宏伟蓝图而已。只有活着，珍惜生命，才能实现美好的愿望。

一位著名的演说家手里高举着一张20美元的钞票，问台下众人："谁要这20美元？"一只只手举了起来。他接着说："我打算把这20美元送给你们中的一位，但在这之前，请准许我做一件事。"他说完便将钞票揉成一团，然后问："谁还要？"仍有人举起手来。他又说："那么，假如我这样做又会怎么样呢？"他把钞票扔到地上，又踏上一只脚，并用脚碾它。而后，他拾起钞票，钞票已变得又脏又皱。"现在谁还要？"还是有人举着手。"朋友们，你们已经上了一堂很有意义的课。无论我如何对待那张钞票，你们还是想要它，因为它并没贬值，它依旧值20美元。"

人生路上，我们会无数次被自己的决定或碰到的逆境击倒、欺凌，正如钞票被揉被碾一样，我们会觉得自己似乎一文不值。但无论发生什么，都要相信，我们的生命正如那20美金一样，永远不会流失价值，我们要把自己的生命当成无价之宝。

生命是美好的，不在于每时每刻的美好，而是因为丰富多彩而美好。热爱生命，不仅爱美好的结果，也热爱艰辛曲折的过程。你应该用自己的热情去维护、浇灌自己的生命之花，不要因生活中小小的不如意而私下扭曲生命的辉煌，更不能轻言放弃生命的脉搏。

生命在闪耀中现出绚烂，在平凡中现出真实。当你发现你所承担的角色有高低之分时，你要快乐、勇敢、自珍，不要因为职业的低微而轻放自己，不要因为些微的不如意而自卑自弃，更不要因生活中出现的某种小插曲而暗淡生命。

珍惜生命就要珍惜今天。昨天的太阳再也照不到今天的树叶，而今天的树叶也不是昨天的那一片。但我们要认真面对生命中的每一分钟，这样我们的年华才不会虚度。

生命需要用真心演绎，需要尽全力走好每一步，需要用心呵护。那生命的道路就是美的极致，每朵花都有其独特的色彩，每颗星都有其独特的光芒，每缕清风都会送来凉爽，每滴甘露都会滋润原野。

生命因为有意义才值得珍惜，生命因为美好才会去珍惜，生命因为有限才需要珍惜。

6.真好，我还活着

活着，就是一场修行，就是希望，就是幸福。当你可以活着、笑着、哭着、吃着、睡着，真真实实地感受到生命的流动，你的存在就是一种幸福。

也许我们只有二十多岁，总是想着日子一天一天地过，来日方长，什么时候享受都来得及。但你看看身边的那些老人，满脸的皱纹和佝偻的身躯，他们总是会语重心长地对我们说："过得好一点，珍惜青春啊。我们是回不去了，年轻的时候……"

年轻的时候……他们所眷恋和回忆的年轻的时候，正是我们现在所处的阶段，他们看着我们年轻的面孔和紧致的皮肤，开始唏嘘和感慨，但我们大有身在福中不知福的味道。

有一位作家曾经说过："现在我只想每天管好吃饭、睡觉，并专心生活就够了。"乍一听这话，觉得这个人的追求太平凡了，毫无乐趣可言，但仔细想想，他才是真正懂得生活的高人。

现在的我们，每天工作一场忙碌，加班更是经常的事，吃饭常常叫外卖快餐，好容易领到薪水后又是"白领"了。等到闲下来的时候，又无所事事，发呆、上网、聊天打发时间，嘴里还念叨着："好无聊啊。"然后日子就这样匆匆流逝了。

传说有一次释迦摩尼佛带着弟子们游行，走过一个乡村的时候，看到村民们正在为一个亡者诵经超度。有一个弟子感到好奇，就问佛说："世尊，像这样虔诚的超度，真的会使亡者升天吗？"

佛陀不回答，只是反问弟子们："如果把一块石头丢进井里，让你们绕着那口井诵经希望石头浮上来，石头真的会浮起来吗？"

弟子们都摇头。

佛陀说："所以，你们才要珍惜每一天，享受每一天啊。好好觉悟修行，提升自己的内心修养。诵经只是一种虔诚祈祷和精神寄托的方式。真正能把握时间的，只有自己。"

过去的已经过去，未来的谁也不知晓，唯有享受现在才是最实在的。也许，一天中最美妙的事莫过于早上醒来，发现自己还好好地活着。

你休息了一整夜，什么都没有付出，可你所有的身体系统的状态都非常良好：你的心脏一如既往地跳动着；你的肺部张弛着，将适量的氧气运送到血液中；你的骨髓生成红血球和白血球；你的大脑将微妙的电子般的信息发送到你的神经；所有的细胞组成了一个活跃的大熔炉，有效地吸收营养，巧妙地排出废物。当你沉醉在梦乡中的时候，你的体内发生了这么多美妙、复杂又微小的变化，而上面列举的这些仅仅只是其中的一小部分。

抱怨那些不顺心的事很容易，但要你注意平时熟视无睹的事却很难。

"真好，我还活着"的想法会让你摆脱这种不平衡。毫无疑问，在早晨选择怎样开始新的一天，将对这一整天产生重要的影响。不要担心，你不必举重或做俯卧撑，你要做的就是学习"心怀感激"之道，但你要在前一夜就做好准备。

再回想一下你心脏的巨大成就。这块坚强的肌肉也是你体内最结实的一块肌肉，一整夜不停地跳动着，它有着惊人的品质，不畏艰险地始终保持着跳动。

无论你是在公园里滑冰刀还是在剧院里打盹，你的心脏都在工作着。不管你是为了节俭，在商店里讨价还价，还是在享用鱼子酱，这团充满能量的肌肉仍在工作着。在夜间也一样，不论你是沉醉于在巴厘岛度假的美梦，还是在考试的恶梦中挣扎，你的心脏总是忠实而顽强地工作着，就像节拍器那样平稳，无需你给予任何帮助。

这多么令人惊奇啊！这块肌肉不停地将血液送到你的大脑、所有的骨头、肌肉和器官中。于是，一个个绝妙的氧气包和营养包也被稳定地送到你全身的每个细胞中。如果你昨晚睡了8个小时，你的心脏就跳动了约29000次。如果你今年32岁，你的心脏已经在这32年中跳动了10亿多次。

你的心跳会在爬楼梯时加速，休息时减速，也会在你心爱的人出现时扑腾一下。它是你最亲密的坚定可靠的朋友。

你应该做几个长长的深深的呼吸，在想象中拍拍这个朋友的肩，它应该得到大大的奖赏。无论今天有多么令人畏惧的任务等着你，无论你将接受什么样的挑战，你都要感谢你的心脏。正是昨夜它出色的工作才让你有了今天的一切。再花一点时间慷慨地给予这个绝妙器官完美的表现更多的赞赏吧。

记住，你完整而灿烂地活着，这是多么美好的馈赠啊！

第十一章

尘世中，保持一颗平常心

1.去留无意，宠辱不惊

有句话说得子："要想征服世界，首先要征服自己的悲观情绪。"

乐观的人拿到一个柠檬，会说："我可以从这件不幸的事情中学到什么呢？我怎么样才能改善我的状况，怎样才能把这个柠檬做成一杯柠檬汁呢？"而悲观的人却正好相反，要是他发现命运只给了他一个柠檬，他就会自暴自弃地说："我完了，这就是命，我没有任何机会。"

其实，失败和挫折都是暂时的，只要你敢于微笑；误解和仇恨也是暂时的，只要你达观代之。

美国现代成人教育之父卡耐基，碰到过一个满脸微笑却没有双腿的人。

班·福特森微笑着告诉卡耐基："事情发生在多年以前，我砍了一大堆胡桃木的枝干，准备做我的菜园里豆子的撑架。我把那些胡桃木装上车正准备开车回家，突然间，一根树枝滑到车上，卡在了引擎里，恰好是在车子急转弯的时候。车子冲出路外，把我撞到了树上。那年我才24岁，双腿被截肢了，从那以后就再也没有走过一步路。"

卡耐基问："那你怎么能够接受这个残酷的事实？"

他说："我以前并不能这样。"他说他当时充满了愤恨和难过，抱怨自己的命运。可是时间仍一年年过去，他终于发现愤恨使他什么也做不成，只会产生对别人的恶劣态度。"我终于了解到，"他说，"大家对我都很好，很有礼貌，所以我至少应该做到对别人也有礼貌。"

卡耐基又问："经过了这么多年以后，你是否还觉得碰到那一次意外是一次很可怕的不幸？

班·福特森很快地说："不会了。"他顿了顿说："我现在几乎很庆幸有过那一次事故。"

他告诉卡耐基，当他克服了当时的震惊和悔恨之后，生活变得完全不同了。他开始看书，对好的文学作品产生了兴趣，在那以后的14年间，他至少阅读了1400本书，这些书为他打开了一个崭新的世界，他的目光和思想一下子丰富多彩了起来，最重要的是，他学会了思考。

班·福特森说："我能让自己仔细地看看这个世界，有了真正的价值观念。我开始了解，以往我所追求的事情，大部分实际上一点价值也没有。"

遭遇不幸后，只知一味自怨自艾、抱怨他人，根本于事无补，只会让你在痛苦中越陷越深。世界首富比尔·盖茨曾说："在你成功之前，没人会顾及你的感受。"

不要埋怨生活给了你太多的压力，也不必抱怨前进的仕途上有太多的曲折，不经一番风霜苦，哪得梅花扑鼻香。大海若没有了汹涌的波涛，就会失去其壮阔；沙漠若没有了飞沙的狂舞，就会失去其壮观；人生若仅求得两点一线的平淡度日，生命也就失去了其存在的魅力。

第二次世界大战结束后的德国到处是一片废墟。美国社会学家波普诺在访问德国期间，曾到一户住在地下室里的德国居民那里进行采访。

离开那里之后，同行的人问波普诺："你看他们能重建家园吗？"

"一定能。"波普诺肯定地回答。

"为什么回答得这么肯定？"

"你看到他们在地下室的桌上放着什么吗？"

"一瓶鲜花。"

"对，"波普诺说，"任何一个民族，处在这样困苦的境地，还没有忘记爱美，那就一定能在废墟上重建家园。"

在废墟之中始终装载着充满希望的生命之花，这是多么让人敬佩和振奋的乐观精神。人生到底是上升还是下坠，完全取决于我们如何去看待这个人生。倘若在遭受打击之时，仍然能够体会到生命的美好之处，找到象征生命的希望之花，那么，你就一定能够走出人生的沙漠，找到属于自己的绿野山泉。

加拿大曾有个穷孩子琼尼，因为智商低，学校的功课总是跟不上，学校只好劝他退学。为了安慰他，学校请了一位心理学家和他谈了一次话。心理学家告诉他：工程师可能不识乐谱，医生不一定会绘画，你被劝退学了，但不等于没出息。这番话对他产生了影响。后来，他长年给别人整建园圃，修剪花草。20年后，他成为了闻名全国、受人尊敬的风景园艺家。

"去留无意，闲看庭前花开花落；宠辱不惊，漫随天际云卷云舒。"既然悲观于事无补，何不用乐观的态度来看待人生呢？悲观是瘟疫，乐观是甘霖。悲观产生平庸，乐观产生卓绝。悲观看待，举目只是"黄梅时节家家雨"，低眉即听"风过芭蕉雨滴残"；乐观看待，你会发现"青草池边处处花"，"百鸟枝头唱春山"。

人生何处无风景，保持乐观，你便能看遍天上胜景，览尽人间春色。

2.有遗憾的人生才是圆满的

人有悲欢离合，月有阴晴月缺，此事古难全。有遗憾的人生才是圆满的，苦乐参半的人生才真实，也充实。成功、失败相辅相成，得与失永远是守恒的，这才是人生，生生死死都是不可违背的自然规律。

白居易的《适意》曾写道："岂无平生志，拘牵不自由。一朝归渭上，泛如不系舟。"作者借诗词抒发对自由生命的向往之情。自古文人多风流，不得志时，他们常寄情于山水之间，希望纯净的大自然能净化自己的内心，忘掉烦恼。

缺陷是构成幸福人生的一部分。在追求幸福的时候，不能被花花世界迷乱了眼，要认清生活的本质。人的一生好像一只漂泊在浩瀚海洋上的小舟，没有牵系，但又承载着万事万物。

在时空的长河中，一只小舟承载着生命，正缓缓驶来。

小舟里有一个什么都不懂、刚刚诞生的生命，就像个初生的婴儿，他还没有思想，每天只会睡觉。

这天，远方传来一阵声音："你从哪里来？要到哪里去？"

这个新生命重复道："我从哪里来？要到哪里去？"

这艘生命的小舟仍然在时空的长河不断前行。这时，又传来一阵声音："等一等，我们想要与你一同旅行，请带我们一起。"原来，高兴与悲伤、爱与恨、善与恶、得与失、成与败、聪明与愚蠢，在那边呼唤，然后一同登上了小舟。

高兴从小舟的前方登入，悲伤从小舟的后方登入；爱从小舟的左边登入，恨从小舟的右边登入……慢慢地，这些人生的伴侣们在不同的时段都上了船，这艘生命小舟随之变得沉重，但小舟中的气氛更活跃，有哭有笑，有喜有悲，小舟被这些伴侣们感染着。

这时，又传来一阵声音："等一等，还有我们。"循声望去，清醒与糊涂、路人与朋友携手游来。清醒和路人都上了小舟，糊涂和朋友却迟迟不肯上去。

"朋友！糊涂！怎么了，快上来啊，我们要启程了！"不知谁在喊着他们。朋友说："不，糊涂要先上去才行，否则，生命容不下我！"糊涂说："不，他们都不喜欢我，我不想上去。"这时，船中的生命说："糊涂，请上船吧，你对我来说很重要。没有你，我就得不到朋友；没有你，我将一事无成。"

糊涂犹豫了一会儿，终于还是上了船，朋友紧跟着也上了船。生命之舟，载满伴侣，在时空浩瀚里前行。

忽然，有一天，后面又传来一阵声音："等等我，我可是一直在追随着你啊！"这是什么，这就是死亡的呐喊声。

死亡一路追赶着生命的小舟，生命的小舟却没有停下来，也许是生命装作没有听见死亡的呼喊，也许是生命根本不愿意听见死亡的声音，生命的小舟毅然冲向前方，任凭死亡在后方紧追不舍。飘摇的生命小舟，他那载得满满的船舱已经无法卸下任何东西，高兴与悲伤、爱与恨、善与恶、得与失、成与败等，他们陪着生命在人生的每一个时刻前行。

山山水水系不住生命之舟，个人的意志也无法被系住。每个人的生命都有一条独特的轨迹，无法彻底改变，只能尽力圆满。如果想要得到幸福，请不要拒绝承认生命中那些必然存在的缺陷。

生死是每个人都需要面对的两种状态，它不会以人的意志为转移，生命到了终结，人生就该闭幕了。但闭幕并不意味着什么都没有了，那些曾经的欢声笑语还是会留在人们心中。人生的意义正在于制造那些欢声笑语的过程。

3.同流世俗不合污，周旋尘境不流俗

古语道："处治世宜方，处乱世宜圆，处叔季之世当方圆并用；待善人宜宽，待恶人宜严，待庸众之人当宽严互存。"处在太平盛世，待人接物应严正刚直；处天下纷争的乱世，待人接物应随机应变、圆滑老练；处在国家行将衰亡的末世，待人接物要方圆并济，交相使用。对待善良的人，态度应当宽厚；对待邪恶的人，态度应当严厉；对待一般平民百姓，态度应当宽厚和严厉并用。

当我们处于一个污浊的环境中时，如果能保持"万花丛中过，片叶不沾身"的操守，便不必急于撇清自己与这个世界的关系。这也是方圆之道。

所谓方圆，古人早有诸多论述。老子的理想道德是自然，是天地，天圆地方；孔子的理想道德是中庸，是适度，是不偏不倚。这种观念作用于人际，便能促成一种更加和谐的平衡。当然，前提是浊世里不管外有多"圆"，都要守住内心的"方"，守住自己的道德底线。

其实，我们之所以不赞成"众人皆醉我独醒"式的清高，是因为没有一个人能够彻底摆脱这个世界，即便是浮萍，也需要一汪任其漂泊的流水，更何况，没有几个人从心底里愿意做那无所束缚却也无依无靠的浮萍。

孙叔敖原来是位隐士，被人推荐给楚庄王，3个月后做了令尹 (宰相)。他善于教化引导人民，使楚国上下和睦，国家安宁。

有位孤丘老人，很关心孙叔敖，特意登门拜访，问他："高贵的人往往有三怨，你知道吗？"

孙叔敖回问："您说的三怨是指什么呢？"

孤丘老人说："爵位高的人，别人嫉妒他；官职高的人，君王讨厌他；俸禄优厚的人，会招来怨恨。"

孙叔敖笑着说："我的爵位越高，我的心胸越谦卑；我的官职越大，我的欲望越小；我的俸禄越优厚，我对别人的施舍就越普遍。我用这样的办法来避免三怨，可以吗？"

孤丘老人感到很满意，于是走了。

孙叔敖按照自己说的做了，避免了不少麻烦，但也并非一帆风顺，他曾几次被免职，又几次被复职。有个叫肩吾的隐士对此很不理解，就登门拜访孙叔敖，问他："你三次担任令尹，也没有显得荣耀；你三次离开令尹之位，也没有露出忧色。我开始对此感到疑惑，现在看你的气色又是如此平和，你的心里到底是怎样的呢？"

孙叔敖回答说："我哪里是有什么过人的地方啊！我认为官职爵禄的到来是不可推却的，离开是不可阻止的。得到和失去都不取决于我自己，因此才没有觉得荣耀或忧愁。况且，我也不知道官职爵禄应该落在别人身上，还是应该落在我的身上。落在别人身上，我就不应该有，与我无关；落在我身上，别人就不应该有，与别人无关。我的追求是随顺自然，悠闲自得，哪里有工夫顾得上什么人间的贵贱呢！"肩吾对他的话很是钦佩。

孔子后来听说了这件事，感慨地说："古代的真人，有智慧的不能使他意志动摇，美女不能使他淫乱，强盗不能劫持他，就是伏羲、黄帝也不配和他交游。死和生对于人是极大的事情了，可都不能改变他的操守，何况是官职爵位呢？像他这样的人，精神穿越大山无阻碍，潜入深渊也不会被水沾湿，处于卑微地位不会感到狼狈不堪。他的精神充满天地，他越是给予别人，自己越是感到富有。"

孙叔敖后来得了重病，临死前告诫儿子说："楚王认为我有功劳，因此多次想封赏我土地，我都没有接受。我死后，楚王为了回报我生前的功绩，一定会封给你土地，你千万不要接受富饶的土地。在楚国和越国之间，有个地方叫寝丘，这个地方土地贫瘠，而且名字很不好听。楚国人信奉鬼神，越国人讲求吉祥，都不会争夺这个地方，因此，这个地方可以长久据有它。"

孙叔敖死后，楚王果然要封给他儿子一块相当好的土地，他儿子辞谢不受，只请求寝丘之地，楚王答应了他的请求。楚国的规定，分封的土地不许传给下一代，唯有孙叔敖儿子的封地可以世代相传。

孙叔敖没有被免职和复职的风波扰乱心绪，而是物来则应，物去不留。为人处世，我们确实需要一颗方正的心。有圆无方，则谓之太柔，太柔之人缺筋骨，乏魄力，少大志，在生活中难以有大作为；但若有方无圆，则性情太刚，太刚则易折。

"众人皆浊我独清，众人皆醉我独醒"，自有其清高自傲，但很多时候，只能换来屈原式的含恨离世或文人式的抑郁不得志。与之相较，"同流世俗不合污，周旋尘境不流俗"或许才是更加明智的选择。

4.前半生不要怕，后半生不要悔

每个人心中都有理想和愿望，有的人虽然很努力，但终其一生也没得到回报。但他们从来不后悔自己曾经付出的热情和汗水。他们勤勤恳恳，从不懈怠，一直执著于心中的所爱。他们不害怕未知的明天，也不遗憾于流逝的昨天，无憾无惧走完一生。

很多年前，一个年轻人打算离开故乡到远方开创一片天地。他临走前去拜访本族的族长，聆听嘱咐。当时，老族长在练字，当他听说年轻人要到外面去闯荡时，写下了"不要怕"三个字。然后，族长抬头起来，对年轻人说："人生很简单，总结起来就六个字，先告诉你这三个字，你已经半生受用了。"带着族长送的"不要怕"，年轻人走出了故乡。很多年后，年轻人已到中年，事业也算小有成就，但他的内心却装满了惆怅。于是，他回到了家乡，并在第一时间去拜访了族长。但不幸的是，老人家几年前已经去世了，族长的家人将一封信拿给他，说："这是族长生前写下留给你的，他知道你会回来。"这时，中年人想起来，几十年前，他临走时，族长送他的人生秘诀只有一半，于是，他拆开信封，"不要悔"三个大字赫然在目。

　　族长写的六个字点透了人生。年轻时"不要怕"，对自己的理想和生活要勇敢地追求，不怕历尽千山万水，只要能坚持，就要不断努力，年轻的心应该充满勇气并且无所畏惧，就应该"走遍天下都不怕"。在用尽全力地生活，去追逐内心的梦想，尝遍了人世间的酸甜苦辣、喜怒哀乐，也明白了成功背后的酸甜后，老族长又告诉他"不要悔"。其实，我们人生的每一步都是独一无二的财富，这是生命对我们的馈赠，"得之我幸，失之我命"，踏实地走好生活的每一步，就算是过好了我们的人生。

　　年少的时候，没有经验，不知道该往哪个方向努力，凭的只是一股初生牛犊的勇气，假如这个时候缩手缩脚，就很难有所成就。等到我们阅尽人生，才能渐渐体会到人生中的遗憾和失落，许多不完美的心事和往事都会渐渐浮上心头。这个时候，我们最需要的是一颗无怨无悔的心。我们要不断地告诉自己：走过的都是路，唱过的都是歌，所有经历都只是一种结果。

　　儒家对于生命的态度就是所谓的"乐天知命"，人顺从"命"的同时还要实现上天赋予自己的使命，这才算尽了人事，如此，面对死亡时也就能心安理得了。王阳明对于生死的态度也是沿袭了儒家的这种思想，他说死无所怕，如若真有所不甘，也是生时未完成人生的使命，死才会有所遗憾。既然生时没有尽人事，那么死时再来悔恨也是无济于事，此时便要学会坦然地面对。

　　当年，王明阳被贬至贵州龙场，在这个荒凉之地居住着陌生的少数民族，王阳明过得非常艰难。同时，还有人派人追杀他，生活异常艰辛和危险的王阳明几次从杀手眼皮下逃脱。这时，王阳明觉得，名利得失早已看透，唯有生命还没琢磨透。为了参透生命的真谛，他做了个石棺，躺在里面，对自己说：顺其自然，等待命运的安排吧！这一刻，看透了生死的王阳明，悟透了生与死的意义：自己生前尽忠职守，为国为民鞠躬尽瘁，不遗余力，即使是死了也没有遗憾了。

　　人生在世，每个人都想要了无遗憾地度过今生，每个人都希望自己所做的事永远都是正确的。但这只是一种美好的希望，人不可能不做错事，不可能不走弯路。做错了事，走了弯路之后，能有积极的反省，也是一件好事，至少可以让我们今后的人生之路走得更稳健、更从容。因为反思，所以深刻；因为憧憬，所以希望。在过去和未来的交织下，才会有把握当下、不怕不惧、不喜不悔的人生。

不要怕，是说不要害怕明天的风雨；不要悔，是说不要后悔错过的霓虹。只要我们好好把握现在，珍惜此刻的拥有，找到活在当下的勇敢和执着，就一定可以收获美好的人生。

5.感恩一切福佑

生命的整体是相互依存的，每一样东西都依赖其他每一样东西。人自有了自己的生命起，便沉浸在恩惠的海洋中。

有个寺院的主人给寺院立下了一个特别的规矩：每到年底，寺里的和尚都要面对主人说两个字。

第一年年底，主人问新来的和尚心里最想说什么，和尚说："床硬。"

第二年年底，主人又问他心里最想说什么，他说："食劣。"

第三年年底，和尚没等主人提问，就说："告辞。"

主人望着对方的背影自言自语道："心中有魔，难成正果，可惜！可惜！"

住持说的 "魔"，就是和尚心里没完没了的抱怨。这个和尚只考虑自己要什么，却从来没有想过别人给过他什么。这样的人在现实生活中很多，他们这也看不惯，那也不如意，怨气冲天，牢骚满腹，总觉得别人欠他的，社会欠他的，从来感觉不到别人和社会对他的生活所做的一切。这种人只会抱怨，不懂感恩。

两个旅人已在沙漠中行走多日。在他们口渴难忍的时候，碰见了一个老人，老人给了他们每人半碗水。两个人面对同样的半碗水，一个抱怨水太少，不足以消解他身体的饥渴，抱怨之下竟将半碗水泼掉了。另一个也知道这半碗水不能完全解除身体的饥渴，但他懂得感恩，并且怀着感恩的心情喝下了这半碗水。结果，前者因为拒绝这半碗水死在了沙漠中，后者因为喝了这半碗水，最终走出了沙漠。

感恩者遇上祸，祸也能变成福；而那些常常抱怨生活的人，即使遇上了福，福也会变成祸。

有一个出生在贫困山区的女孩，有幸考上了重点大学。但不幸的是，在她入校不久，他的父亲就遭遇车祸身亡了。家中无力供她上学，就在她准备退学回家时，社会送来了关怀，老师和同学也慷慨捐款捐物。她将大家的赠物藏在箱子里，舍不得用。只要打开箱子看看这些赠物，她就会想到自己周围有那么多的关怀、爱心，心中就不由产生出一种感激之情。这种感激之情又驱使她去战胜困难，顽强拼搏。这个在物质上贫困的女孩，却变成一个精神上的富有者。她心怀感恩，终于读完了大学，还以优异的成绩留学美国。她说："大家给我的一切，是我的精神财富，永远留在我的心里。我要努力学好本领，回报祖国，回报父老乡亲。"

人要懂得感恩，感恩大自然的福佑，感恩父母的养育，感恩社会的安定，感恩食之香甜，感恩衣之温暖，感恩花草鱼虫，感恩苦难逆境，就连自己的敌人，也不忘感恩。因为真正促使你成功，使你变得机智勇敢、豁达大度的，不是优裕和顺境，而是那些常常可以置自己于死地的打击、挫折和对立面。

挪威著名的剧作家易卜生把自己的对手瑞典剧作家斯特林堡的画像放在桌子上，一边写作，一边看着画像，从而激励自己。易卜生说："他是我的死对头，但我不去伤害他，把他放在桌子上，让他看着我写作。"据说，易卜生在对方目光的关注下，完成了《社会支柱》、《玩偶之家》等世界戏剧文化中的经典之作。

人有了不忘感恩之心情，人与人、人与自然、人与社会之间的关系也会变得更加和谐，我们自身也会因为这种感恩心理的存在而变得愉快和健康。

6.繁荣的随它繁荣，枯萎的任它枯萎

《菜根谭》上说："万事皆缘，随遇而安。"人生的自得与悠然欢喜全靠这"随缘"的心境。佛家有云："随遇而安，随缘生活；随心自在，随喜而作。若能一切随他去，便是世间自在人。"要做世间自在人，就要先从内心做起，内心不受拘束，不受干扰。

"随遇而安，随喜而作"的人生态度是一种境界。如果我们都能够有一种无牵无挂、无忧无虑、知足豁达的人生态度，一份淡泊宽大的心境，那么无论我们身在何处，都能够找到属于自己的生活。

老和尚和小和尚遇见了洪水。小和尚愁眉苦脸，老和尚却毫不在意。小和尚劝师父赶紧走，老和尚说："难道山下就没有洪水了吗？"3天后洪水退去，老和尚告诫小和尚："无论遇到什么事都不要惊慌，一切都会过去的。这就是随缘而活。"

赵州禅师师徒二人论道，比谁把自己说得最脏最臭。

师父说："我是驴。"

徒弟说："我是驴屁股。"

师父再说："我是驴屎。"

徒弟说："我是驴屎里的蛆虫。"

师父问："你在驴屎里做什么？"

徒弟说："我在里面乘凉啊！"

星云大师说，这个"乘凉"就反映了一种随遇而安、逍遥自在的心态。

有个人请求禅师题个字，禅师送了"父死子死孙死"6个字。这个人认为不吉利，很不高兴。禅师就给他解释说："这是世界上最好的话了。先是父死，再是子死，最后是孙子死，这是最符合自然规律的，难道你希望儿子或者孙子先死？"

抗战时期，梁实秋迁居重庆乡下，在主湾山腰买了一栋平房。这房子完全是"陋室"的模样：有窗而无玻璃，风来则洞若凉亭，有瓦而空隙不少，雨来则渗如滴漏，附近有高粱地，有竹林，有水池，有粪坑。就是这样的地方，却被梁实秋起了个名字叫"雅舍"，并在此一住7年。梁实秋深知此中苦乐滋味，在此间写下了风动一时的《雅舍小品》。

人因为执着的东西太多，所以烦恼也很多，总是提心吊胆、患得患失。太多的人在面对一些状况的时候不肯接受，比如工作的升迁或者降职，总是不能随遇而安，反而让这样的事情堵在心里，不得解脱，久而久之，生活就会变得越来越沉重。

宋朝留下了一座庙，这座庙门上有一副对联："得一日粮斋，且过一日；有几天缘分，便住几天。"这是一种万事随缘的心境，不为外物所累。"有粮多吃，无粮少吃"，并不是要我们万事消极，而是说在没有粮的情况下不要哀叹粮食不足，而要享受这一过程，因为即便再哀叹，"粮食"也不会凭空多出来。

丹霞天然禅师从小就学习儒家经典，长大后打算进京赶考，却在路上遇到了一位行脚僧。

僧人问："您这是要到哪里去？"

天然禅师回答说："赶考去。"

僧人说道："赶考怎么能比得上选佛呢？现在江西的马祖道一禅师出世，您可以到那里去。"

于是天然禅师改道南行，毅然放弃了赴京赶考的打算，来到江西去参拜马祖禅师。他向马祖禅师表明来意后，马祖禅师告诉他前往湖南石头禅师那儿参学，并对他说："没有剃度不要回来。"

天然禅师又赶到南岳，见到石头和尚就请他为自己剃度。石头和尚并没有立即给他落发，只是说："你到糟厂舂米去吧。"于是，天然禅师在厨房干了3年的杂活。

3年后，石头和尚很满意，欣然为他剃度。

天然禅师开悟后，又去江西拜见马祖禅师。他径直来到僧堂内，骑坐在菩萨像上，众人一看，吓了一跳，赶忙把这件事报告给马祖禅师，马祖道一禅师见是他，便笑着说道："我子天然。"

天然禅师立即从菩萨身上跳下来，向马祖禅师行礼后说："多谢大师赐我法号。"天然禅师的名号由此而来。马祖禅师说道："你终于懂得了随遇而安，随喜而作。"

佛家讲："繁荣的随它繁荣，枯萎的任它枯萎。"当一件事情发生之后，既然无力改变，那就要欣然接受，不做愁眉苦脸的"苦行僧"，而要容得下万物，过眼云烟如浮云，我自随缘过千年。

7.停止流无用的眼泪

《百喻经》里有一个故事：有一只猩猩，它手里抓了一把豆子，高高兴兴地在路上一蹦一跳地走着。一不留神，手中的豆子滚落了一颗，为了这颗掉落的豆子，猩猩马上将手中其余的豆子全部放置在路旁，趴在地上，转来转去，东寻西找，却始终不见那一颗豆子的踪影。

最后，猩猩只好用手拍拍身上的灰土，回头准备拿取原先放置在一旁的豆子，怎知那颗掉落的豆子没找到，原先的那一把豆子却全都被路旁的鸡鸭吃得一颗也不剩了。

想想我们现在的追求，是否也是放弃了手中的一切，仅仅为了追求掉落的那一颗？

一个老人不小心丢了一只新鞋，发现鞋子已经无法找到，就干脆将另一只鞋子脱下来扔掉。

这举动让人大吃一惊。"是这样，"老人解释道，"这一只鞋无论多么昂贵，对我而言都没有用了，如果有谁能捡到一双鞋子，说不定他还能穿呢！"

与其抱残守缺，不如就地放弃。事物的价值不在于谁占有，而在于如何占有。失去不一定是损失，也可能是获得。

扔掉第二只鞋的那位老人，他的做法确实值得称道，既然已经不能保全自己的美事，何不成全别人呢？对于别人，也许可以获得整个冬天的温暖。

的确，失去的已经失去，何必为之大惊小怪或耿耿于怀呢？

之所以失去某种心爱之物会让我们的心备受折磨，究其原因，是因为我们没有调整好心态去面对失去，没有从心理上承认失去，只沉湎于已不存在的过去，而没有想到去创造新的未来。

一位有着多年临床经验的心理医生撰写了一本医治心

理疾病的专著。有一次，他受邀到一所大学讲学，课堂上，他拿出了厚厚的著作，说："这本书有1000多页，里面有3000多种治疗方法，100000多种药物，但所有的内容其实只有4个字。"

说完，他在黑板上写下了：如果，下次。

医生接着说："很多时候，造成人们精神消耗和折磨的就是'如果'这两个字。'如果我考进了大学''如果我当年不放弃他''如果我当年换了其他的工作'……这些是我这么多年来听到最多的话语。治疗心理疾病的方法有很多，但最终的办法只有一种，就是把'如果'改成'下次'：'下次我有机会再去进修''下次我不会放弃所爱的人'……只有这样，人们才能真正地从痛苦中走出来。"

正如我们的人生，走过的那一段已经无法重新开始，不管你再怎么惋惜、悔恨也无法改变既定的事实。与其在痛苦中挣扎，不如重新找到一个目标，再一次奋发努力。不要因为过去的失败做无谓的自责和叹息，真正学会放弃后，你会发现，那才是一种真正的超越，一种真正的战胜自我的强者姿态。

令人后悔的事情在生活中经常出现，许多事情做了后悔，不做也后悔；许多人遇到后悔，错过了更后悔；许多话说出来后悔，不说也后悔……人生没有回头路，也没有后悔药，过去的已经过去，你再也无法重新设计。后悔，只会消弭未来的美好，给未来的生活蒙上阴影。

只要你心无挂碍，什么都看得开、放得下，何愁没有快乐的春莺在啼鸣？何愁没有快乐的泉溪在歌唱？何愁没有快乐的白云在飘荡？何愁没有快乐的鲜花在绽放？所以，放下就是快乐。不被过去纠缠，才是幸福的人生。

第十二章

且听风吟，恰到好处的幸福

1.远方的幸福有多远

小的时候，幸福是有小人书可看，有糖可吃，有相亲的玩伴；再大一点，幸福是有漂亮的衣服可穿，有考了100分的卷子可以拿去炫耀，有大堆的"杂书"可以沉醉其中；再后来，我们开始偏执地以为，幸福如所有童话书中描述的那般：王子与公主历经磨难，从此幸福地生活在一起……

幸福离我们究竟有多远？每个人的答案都不相同。有的人说幸福离自己很近，就在自己身边；而有的人说幸福离自己很远，根本够不到。其实，我们与幸福的距离只有99步。

　　一天，张晓和老公一起出来逛街，不知道怎么回事，两人逛着逛着就因为一点小事吵了起来，并且越吵越凶。这时，张晓的老公说："咱们先不吵架，我和你背对背走，走完100步后再回头，如果还能看到对方，我们就忘掉以前所有的不快乐，重新开始；如果看不到彼此，那就继续往前走，不要再回头。"张晓听完后说："可以。"于是，两人开始背对着向反方向走去。

　　其实，当张晓走出第一步后，她就后悔了，她当时在想："我的爱情路只剩下99步了，我们怎么走到今天这一步的呢？曾几何时，我们一起在雨中漫步，衣服淋湿了也不觉得冷；曾几何时，我们手拉着手一起看夕阳西下、落叶纷飞；曾几何时……"

　　当她走过20步时，她特别想回头看看老公，看看对方是否和她一样步履维艰。但她没有这么做，而是坚持走了下去。

　　当张晓走完50步时，有个卖烤红薯的老头问她要不要买红薯。她摇了摇头，老头就推着车走了。"为何他不再多和我讲几句话？那样我便可以停留一会儿，不再走。"张晓心理默默地想。张晓特别爱吃红薯，所以上大学的时候，一到天冷，她老公都会跑到校门口买个大红薯，然后揣在怀里，一路小跑到她住的宿舍楼下。每当她下楼看见气喘吁吁的老公时，她都有一种想哭的冲动，那时的她觉得自己是这个世界上最幸福的女孩。

不一会儿，张晓就走完80步，而她也在想两人为什么会变成今天这样，总为一点小事而吵得不可开交。张晓是一个挺爱哭的女孩子，她和老公热恋时，老公曾信誓旦旦地说不会让她流一滴眼泪。然而，时过境迁，每当张晓哭泣的时候，她的老公总是心情烦躁，然后双方开始无端地说出一些互相伤害的话。

最后，张晓走到了第99步，她艰难地抬起沉重的脚，迟迟不愿放下，因为她害怕自己一旦放下脚，回头就再也看不见她老公了；害怕放下脚，回头将永远失去她老公；害怕放下脚，她将再没有幸福可言；害怕……脚终于落下了，泪也顺颊而下，张晓不想回头，也不愿回头，最后控制不住自己，蹲下身痛哭起来。突然，一双宽大的手从后面抱住了她的双肩，回过头，她看到老公眼中充满了深深的自责和浓浓的爱意。

张晓扑进了她老公的怀里，哭着说："我不要再往下走了。"她老公说："傻丫头，我永远不会再让你一个人走了。其实，我一直走在你的身后，一直在等你回头。"

其实，幸福并不远，是我们自己把它想得太遥远了。

小时候，有亲人温暖的怀抱，有可亲可爱的伙伴陪着自由地玩耍，一起唱着的歌如鸟儿的欢叫声回荡在大自然赐予的每一个角落……这个时候，幸福就在身边。

长大以后，面临着爱与恋的欢喜、痛苦、纠缠，我们渐渐地不再是原来那一张白纸，上面多了很多很多图案。经历着一次次的爱和一次次的痛，我们猛然发现，幸福来得很快，走得也快。只是，幸福还在的时候，我们没有努力抓住它。

也许很多人都一样，幸福在的时候，淡淡的，非要等到失去了才知道自己原来曾经拥有过，可那个时候，幸福不会再停下脚步来等你。幸福其实就是一种感觉，你感觉到了，便是拥有，珍惜拥有，便是幸福。

2.静下心来聆听风吟

用心倾听风的声音，你会对生活多些感悟。当你闭上眼睛，让风的声音轻轻滑过耳边，听着这首宛如天籁的乐曲，在自然的旋律中领略空灵与净美，获得安宁与休憩，感悟人生的真谛，汲取生命的力量，这份宁静，不就是幸福吗？

有人认为，所谓幸福，一是做自己想做的事情，二是与自己喜爱的人在一起。

有人认为，得到自己想要的东西就是幸福。

还有人说，人生的终极目标就是追求幸福。

毕淑敏最喜欢的关于"幸福"一词的阐释是这样的：幸福是"一种持续时间较长的对生活的满足和感到生活有巨大乐趣并自然而然地希望持续久远的愉快心情"。在《百家讲坛》关于幸福话题的讲座中，毕淑敏这样说："幸福是灵魂的工程，生活本身的目的就是获得幸福，追求幸福让众生殊途同归。幸福不是金钱，不是长寿，不是科技，不是多子多孙，幸福来自于内心，幸福是一种情绪，是一种感觉。生活中不缺少幸福，只是缺少发现幸福的眼睛；生活本身没有意义，所以我们要让它变得有点意义；生活本身并不幸福，所以，我们要幸福地生活。"毕淑敏说，自己也曾经是"幸福盲"，从自己父母临终前都说自己是幸福的而受到震憾，因而她说："我开始审视自己对于幸福的把握和感知，我训练自己对于幸福的敏感和享受，我像一个自幼被封闭在黑暗中的人，学习如何走出洞穴，在七彩的光线下试着辨析青草和鲜花、朗月和白云。"所以，要"留一点时间给自己，留一点当下的幸福给自己"。

人可以追求或选择自己喜欢的生活方式，却无法摒弃生活的本质。生活原本就是一屡清风，贫乏与富足、权贵与卑微等，都不过是人根据自己的心态和能力为生活添加的调味料。有人喜欢丰富刺激的生活，于是风吹来许多不同的味道；有人喜欢苦中作乐的生活，于是风把咖啡的香气带到你面前；有人喜欢在生活中多加点甜蜜，于是风里夹杂了淡淡的水果香；有人喜欢把生活泡成茶，于是风让花在空气里呼吸；还有人什么也不加，只喜欢原汁原味的那种自然。

风游荡在空气中，环绕在我们身边向你倾诉，你倾听了吗？

我们拥有一双明亮的眼睛，但正因如此，我们往往会忘记去倾听。我们更愿意用眼睛直观地看世界，而不是用心去聆听世界对我们说的那些发自"肺腑"的宣言。

如果有一天你突然失去光明，如果有一天你的生活被黑暗笼罩，你是否想过，其实倾听也可以让你看到一个美好的世界？

北京2008年残奥会开幕式上，他的一曲《天域》在"鸟巢"的夜空响彻寰宇，现场9万多名观众为之震撼，电视机前的全球观众为之惊叹——因为，他是一位盲人歌手！他叫杨海涛，来自中国残疾人艺术团。

杨海涛说，北京残奥会的开幕式演出，是他成长二十多年参加的最大型的演出，他的内心非常激动。早在演出开始前两个多小时，他就来到了后台候场。别人告诉他没必要这么早过来，可杨海涛内心有一个"小秘密"。他知道这样的演出机会非常难得，虽然他看不见，但可以倾听，可以感受，他提前来，就是想感受坐满观众的"鸟巢"的热烈氛围。对于黑暗中的他而言，现场的氛围能给他带来灵感，让他更好地进入状态。

他看不到这个世界，但他能用耳朵和心来感受世界上的一切热闹。他把所有的声音都变成了他的一种幸福。

有人活着，不知道自己想要什么，于是盲目地羡慕，盲目地追求，却总是与幸福擦身而过。其实，不论在何种处境下，只要端正自己的心态，学会把握，学会满足，学会感恩，生活就会幸福。同时，幸福也不是可以用你能得到多少财物、拥有多少名誉来衡量的，社会的和谐、家庭的和睦、身体的健康才能让人感到真正的幸福。

生活只是那一缕清风，要靠自己慢慢去品味，平静地去倾听。只要用心地倾听，你就会发现，原来最幸福的生活，就是在那如水的平淡中活出属于自己的精彩。

就好像海伦·凯勒，她的世界黑暗而寂寞，看不到也听不到，可她却说：世界上最美丽的东西，看不见也摸不着，要靠心灵去感受。

在一岁零七个月时，突如其来的猩红热产生的高烧使海伦·凯勒永久失明、失聪，让她成为了又聋又哑又盲的残疾人。由于聋盲儿童没有获取正确信息的途径，心灵之窗被禁锢的海伦日渐变得性格乖戾，脾气暴躁。

但是有一天，一个家庭教师教会了她用心去"倾听"世界。从此，海伦平静了下来。

她开始喜欢信马由缰地徜徉在森林中，也喜欢月夜泛舟，靠水草、睡莲散发出的芬芳来辨别方向。她还喜欢骑着双人自行车兜风，在飞驰中体会力量和速度，并像男孩子一样喜欢在国际象棋的较量中斗智斗勇……她还爱大自然，站在尼亚加拉大瀑布前，她虽看不到那飞流直下三千尺的人间胜景，听不到那震耳欲聋的轰鸣，却可以从空气的震颤中领略到世界最宏大的瀑布的雄奇壮观。

　　生活如一阵清风，套用一句当下流行的话：你见，或者不见，幸福就在那里，不悲不喜；你念，或者不念，幸福就在那里，不来不去；你爱，或者不爱，幸福就在那里，不增不减；你跟，或者不跟，幸福就在你手里，不舍不弃。

　　幸福很简单，很常见，可能你的手里正握着它；可能它正化身清风，围绕在你身前……只需你付出真心去倾听幸福，幸福的声音就会如天籁一般灌入你的生活里。

　　所以，静下心来，仔细倾听幸福这阵风的声音……

3.烦恼全都是自找的

　　每个人都有七情六欲和喜怒哀乐，烦恼也是人之常情，人人都避免不了。但是，由于每个人对待烦恼的态度不同，所以烦恼对人的影响也不同，通常人们所说的乐天派与多愁善感型就是明显的区别。乐天派的人一般很少自找烦恼，而且善于淡化烦恼，所以活得轻松、潇洒；而多愁善感的人则喜欢自找烦恼，一旦有了烦恼，便忧愁万千，牵肠挂肚，离不开，扔不掉，自然就活得窝囊。

其实，人生本来就没有烦恼，或者说原本就不是烦恼，你之所以感到烦恼，完全是自己的问题。例如，当了几年处长之后想当局长，结果一个资历比自己差很多的人当了局长，你肯定不高兴。其实，你所处的位置不知有多少人羡慕，再说，当上局长，烦恼未必会少。还有的人为了钱而烦恼，有了一万想两万，有了两万想三万……可是，你除了想到钱多的得意，有没有想到钱多的烦恼？钱少的人或许没有钱多的人神气，但钱少的人也没有钱多的人那么多担忧。平民小户没有大富人家对盗贼绑架的担心，恐怕也少有为争夺家产使兄弟反目甚至相残的悲哀。

心理治疗专家经过研究认为：一个人若有以下心理或做法，必定会促使其自寻烦恼，无事生非。

（1）把别人的问题揽到自己身上。如果你把别人的问题揽到自己身上而自怨自艾，把某些人不喜欢你的责任也统统归因于自己，要不了多久，你就会烦恼成疾。

（2）做不可能实现的梦。最可怜的人是那些惯于抱有不切实际的幻想的人。如果一个人把自己的目标制定得高不可攀，他就会因为不能实现目标而烦恼。

（3）盯着消极面。牢牢记着你受到了多少次不公正的待遇，或者记着有多少次别人对你说话的态度不友善，如果你把注意力集中在这些不好的、吃亏的事情上，你就会无端给自己制造烦恼。

（4）制造隔阂。绝不去赞扬别人，不使用任何鼓励之辞，喋喋不休地批评、挑刺、埋怨、小题大作。这是制造隔阂、自寻烦恼的"妙法"。

（5）滚雪球式地扩大事态。当问题第一次出现时就正视它，问题很容易就能得到解决；反之，如果让问题像滚雪球一样不断地扩大下去，最后滚雪球的人就会遵照一条简单的规则行事：如果错过了解决问题的时机，索性再往后拖拖。这样，只会使问题变得更糟，必定会导致你的愤怒和苦恼埋在心底几个月甚至几年。

（6）以殉难者自居。妻子过度地承担家务劳动，经常会抱怨说："没有一个人真正心疼我，对我们家来说，我不过是个仆人而已。"而丈夫也同样会抱怨："我的骨架都累散了，谁也不把我当回事，大家都在利用我。"经常这样想，必定会烦恼异常，而且还会使周围的人感到讨厌，从而令大家的感觉都变得更糟。

（7）"我早就知道会如此"综合症。如果你预料到有什么坏事会发生，它们多半是会兑现的。

（8）蠢人的黄金定律。把其他人都看得一钱不值，运用这条定律的关键是首先嫌弃自己，一旦贬低了自己的价值，接下来就会觉得其他人也同样浅薄，于是对他们不屑一顾，使自己变得众叛亲离。

不论你是高官还是平民，不论你是富豪还是穷人，不论你是社会名流还是无名之辈，恐怕谁也超越不了"有得必有失的"辩证逻辑。即使你不自找烦恼，但还是少不了会有烦恼，因为人是现实的，不是超脱凡俗的圣人。既然如此，我们就要学会善于淡化烦恼，化解烦恼。

那么，如何才能淡化和化解烦恼呢？

（1）比较的观点。比如发生了重大的车祸，死伤多人，皆为不幸。未伤者受惊，轻伤者轻痛，重伤者重痛，死亡者惨痛，由前往后比，虽是不幸，但又是大幸。

（2）时间的观点。遇到烦恼之事，倘若你主动从时间的角度来考虑一下，心中对此烦恼之事的感受程度可能就会大大减轻。受了上级的当众批评，面子很过不去，心里难以承受，不妨想一下，三天后、一星期后甚至一个月后，谁还会把这件事当回事，何不提前享用这时间的益处呢？

（3）现实的观点。就是勇于承认现实，坦然面对现实，对任何既成事实的过失以及灾祸，不必为之太过后悔和烦恼，也不必因此而不停地责备自己或他人，而应把思想和精力放在努力弥补过失，最大可能地减少损失方面，否则，过多的后悔、无休的责备，不仅于事无补，还会扩大事端，增加烦恼。

（4）换位的观点。俗话说：旁观者清，当局者迷。就烦恼之事来说，也是如此。置身于烦恼之中的人，往往执着一点，甚至钻"牛角尖"，千丝万缕难找头绪，无法控制自己。此时，置于局外的旁观者的劝导，往往可以起到指点迷津、淡化烦恼的作用。如果你正处于烦恼之中，不妨做一下自己的旁观者。

此外，还要知足常乐。如果你对自己要求过高，总不知足，当然就很难感到愉快并会增添很多烦恼。

请记住一句话：烦恼就像天空上的一片乌云，如果你的心中是一片晴空，烦恼就不会对你有丝毫影响。

4.我讨厌哭，所以我笑

幸福最直白的理解就是开心，开心最直接的表达就是微笑，微笑的幸福，很美。

曾经在某处看过这样一段话：幸福，是这世界上最纯洁、最美丽的字眼，是所有人类的美好憧憬，是上帝对我们的眷顾，对我们的恩赐，让我们能够在这世界中拥抱与拥有如此圣洁的温暖。

坐在电脑面前敲打文字的你，叙写文字，描绘感受，露出享受写作的微笑；给老公孩子做爱心"便当"的你，想着他们吃到时"哇！好好吃"的表情，露出享受"赞美"的微笑；给父母们挑选礼物的你，看到他们挑来挑去，一副"啊！这是女儿（儿媳）买给我的"样子，露出享受亲情的微笑……

在广场上聚集在一起舞剑练操的大爷大妈们，精神抖擞地舞着招势漂亮的剑，跳着强身健体的操，脸上露出开心的微笑，那是他们的幸福，拥有健康身体的幸福；在幼儿园的门口，许许多多的家长等待着孩子放学，门一开，无数个孩子欢呼着奔向自己父母的怀抱，他们天真的小脸和父母的脸上都流露出开心和关切的微笑，那是心与心相交的幸福，亲情的幸福。看，幸福就是那样简单，对于人们来说，小小的满足便可成为莫大的幸福。一点点的微笑便是我们对幸福的感恩，对幸福的表达，对幸福的拥抱。

所以，我们要常常微笑，尽管有时其实你过的并不怎么幸福，或者那时你很难过，但还是请你努力微笑，因为微笑有种神奇的力量，可以让你走却忧伤。

幸福是一种感觉，不是吗？

既然只是感觉，那么微笑就是一种态度，好的态度可以决定你的感觉。

微笑，是种幸福的感觉。

幸福，是因为那微笑的态度。

泰戈尔说："当他微笑时，世界爱了他。"微笑就是一颗种子，无论是谁，只要他播种了微笑，他就能收获到爱和幸福。

懂得对自己微笑的人，她的心灵天空将随之晴朗；懂得对生活微笑的人，将会拥有美丽的人生。

保加利亚哲学家吉里尔·瓦西列夫在《情爱论》一书中说："爱的微笑像一把神奇的钥匙可以打开心灵的迷宫，它的光芒照亮周围的一切，给周围的气氛增添了温暖和同情，殷切的期望和奇妙的幻境。"微笑所释放出的能量也许是世上最惊人的奇迹，而奇迹本身就是它永恒的荣耀，化干戈为玉帛，化武力为祥和。

微笑貌似平平淡淡，其实却是恰到好处。它既是一种单纯，也是一种丰富；它既是出于礼貌，更是发自内心。微笑是最美的，也是我们生活里最明亮的阳光！

一位少年对他的母亲说："我讨厌哭，所以我笑。"当我们握住岁月的手，就要学会用微笑承受痛苦，学会用微笑把眼泪揩干，让孱弱的双肩撑起抑郁的头颅。不论经历了怎样的委屈、艰辛、误解，我们依然要用最美的微笑来迎接每一个灿烂的黎明。

拿破仑·希尔说："我想提醒大家，当你追求成功的时候，一定不要把微笑收藏起来，可以说，世界上没有什么比微笑具有更大的力量，它是使困难挪动的启动器，它是铲除逆境的推土机，它是我们走向成功和辉煌的绿卡。"

5.你在羡慕别人，别人也在羡慕你

人最佳的生活状态是什么？生活中，我们到底应该把什么放在自我追求的第一位？相信很多朋友都曾想过这样的问题。当然，或许有人会说，什么样的生活状态都不要紧，只要幸福就可以了。但是，幸福生活毕竟也是有一定状态的，否则就没必要再去讨论幸福这个话题了。

修昔底德曾说过："要自由，才能有幸福；要勇敢，才能有自由。"匈牙利诗人裴多菲在他的《自由与爱情》这首诗里也这样写道："生命诚可贵，爱情价更高；若为自由故，两者皆可抛！"足以说明，幸福生活没有自由是不行的。而在现实生活中，我们常说的自由，其实就是一种自由自在的生活状态。

上帝派天使甲和天使乙在人间巡游，两位天使看到了这样有趣的一幕：

一个衣衫褴褛的乞丐漫无目的地走在路上，这时，一个男孩进入了他的视线。男孩左手拿着面包，右手拿着牛奶，吃得很是畅快。看着男孩，乞丐摸了摸自己饥肠辘辘的肚皮，咽下一团又一团口水，羡慕地自言自语道："哎，能吃饱饭，真幸福呀！"

而那个小男孩刚走了几步，就看到一个女孩牵着爸爸的手进了肯德基，出来的时候，女孩的爸爸手上拎着大号的外带全家桶，小女孩则开心地啃着汉堡，吸着可乐。看着自己手中的面包和牛奶，小男孩羡慕地自言自语道："能吃这么多美味，真幸福呀！"

啃着汉堡包的小女孩坐在爸爸的摩托车后座上，忽然看到一辆漂亮的黑色小轿车从身旁驶过，绝尘而去。这时，小女孩想："能开这么漂亮的车子，真幸福呀！"

而小轿车里坐着的却是一个逃犯，他正在逃避警察的追捕，可他最终还是被警方逮到了。逃犯手上戴着冰凉的手铐，坐在警灯闪烁的警车里，他透过车窗看到一个乞丐在路上慢慢地走着，羡慕地朝乞丐喊了一声："唉，可以自由自在不受束缚，多幸福呀!"

乞丐听到那人的话，心里一下高兴了起来，原来，自己也是幸福的，以前怎么没有发现呢? 在好心情的感染下，他手舞足蹈地一路唱着歌而去。

两位天使回去后，向上帝汇报了在人间所见到的一切，并述说了心中的困惑："为什么乞丐也是幸福的呢?"

上帝微笑着说："人生来就拥有活得幸福的权利，只是很多人不懂得去主动发现幸福。但不管怎么说，选择适合自己的生活方式，能够自由自在的人，最容易获得幸福。"

就像上面的故事所说的，你在羡慕别人的同时，别人也在羡慕你。

现代社会里，激烈的全方位竞争、复杂的人际关系、快速的生活节奏，给人们带来了很大的压力，使他们对幸福也茫然了起来，总是觉得幸福在别处，而不会从自身去寻找，如此，自然就会觉得幸福难觅。

没有谁的生活是一帆风顺的，多多少少都要受到一些外来条件的束缚。但是，外来的束缚其实是可以通过内心来化解的，关键在于你能否找到一种属于自己的生活方式。

曾经有一位父亲，他将自己的幸福完全寄托在了儿子的身上。当年，儿子一心想要学艺术，而且他在这方面有很高的天赋。但父亲却说学艺术的人不会有什么前途，他供儿子读书，就是希望儿子以后能在城市里安家落户，这是他的愿望，他觉得在城里生活一定很美好。

儿子一直都很听父亲的话，所以成绩一直名列前茅，最后也帮父亲实现了愿望——他在城里找到了工作，并且很快拥有了一个属于自己的家。

春节即将来临之际，儿子希望父亲能搬到城里和他一起住。那是父亲第一次出远门，他坐在车里往窗外看，外面的世界花花绿绿，他兴奋得就像个孩子似的，整个晚上都没睡着。但在儿子家的生活并没有他想得那么幸福，他感觉很多东西都无法适应。他不明白，城里人上厕所为什么会在家里；他不明白，城里人吃饭怎么吃得那么少；他晚上睡不着，因为床太软；就连在家吸纸烟，他也不习惯，平时想抽一口旱烟，一看儿媳妇那张痛苦的脸，他就感觉很内疚；更要命的是，他总是闲不下来，总想找点事情做，比如割草、砍柴、放牛、喂猪……他想，这就是自己渴望了大半辈子的生活吗？

终于，在儿子的家中熬过一个月之后，他愁眉苦脸地来到儿子面前，说："你还是让我回家吧！爸希望你以后多存点钱，让爸在乡下养老，这城里的幸福，爸是享受不了了。"

回到家乡后，父亲的脸上又露出了笑容，逢人便说，那城里的生活真不是人过的，哪有在乡下舒服，自由自在多快活！

人活一辈子都在忙些什么呢？各种回答最后大概都可以归结为追求幸福。其实，仔细想想，不难发现，那些幸福的人都是身心自由的人。无论贫穷富贵，他们都能努力找到一种适合自己的生活方式，然后抛开烦恼，自由自在地活着。

6.斜风细雨也有情，每天都是好时光

人生就像一条河流，不可逆转，生命中的每一个阶段、每一天都是独一无二的，不可复制。一位外国哲人说过："没有人生活在过去，也没有人生活在未来，现在是生命确实占有的唯一形态。"也有人告诫别人说："即使错过了太阳，又错过了月亮，可别再错过了自己。"因此，无论处于哪个阶段、哪一天，最可贵的都是眼前的时光，所以，我们应该珍惜当下拥有的一切。

一位即将退休的老播音员在他主持的最后一期节目中说，自己在五十岁生日时买了一千颗弹珠，此后的每个周末，他都会丢弃一颗。随着弹珠一颗颗减少，他开始关注自己身边的亲人，也懂得了去珍惜当下拥有的亲情与友情。

由于过分地追求那些所谓的幸福与享受，很多人放任甚至放纵自己内心的贪欲与执着，以致整天都在为了生活琐事而忙碌奔波，对身边时刻关心和守护自己的家人与亲情却视而不见。

人类常常会怀念往昔，会梦想未来，唯独对现在很不满意，即便满足于当前，大抵也是因为可预见的未来会无忧无虑。人似乎一辈子都困在此种时空错乱的得失矛盾中，所以，我们更应该学会珍惜当下拥有的一切。

很多人都知道，西方人喜欢在感恩节的晚餐桌前表达对上帝的感谢，但你知道有人感谢上帝没有把他变成一只火鸡吗？

感恩节前，纽约一家幼儿园的老师在课堂上给孩子们提了一个问题："感恩节快到了，孩子们，你们可不可以告诉我，你们将要感谢什么呢？"老师让孩子们思考了一会儿，然后开始提问。

"艾莉丝，你要感谢什么？"

"我的妈妈每天很早起床给我做早饭，我想，我在感恩节那天一定要感谢她。"

"嗯，不错。马克，你呢？"

"我的爸爸今年教会了我打棒球，所以我特别想感谢他。"

"嗯，能打棒球了，很好！贝儿呢？"

"无论是上学还是放学，学校的守门人总是微笑地看着我们来来往往。虽然她自己很孤单，没有多少人关心她，可她却把关怀的微笑送给了我们。所以，我要在感恩节那天送给她一束花。"

"很好！汤姆，轮到你了。"老师微笑地看着前排的小男孩。

"我们每年感恩节都要吃火鸡，大大的火鸡，肥肥的火鸡，大家都非常爱吃。他们只是大口大口地吃火鸡，却从不想一想火鸡是多么可怜。感恩节那天，会有多少只火鸡被杀掉呀……"

"能不能简短一些？我觉得你跑题了，汤姆。"

汤姆向四周望了一眼，开心地说："我要感谢上帝没有让我变成一只火鸡。"

不知道这位老师对汤姆的答案是否满意，但是读完这个故事后，我们是不是也该在心里由衷地感谢上帝没有让自己变成一只火鸡呢？

只要懂得感恩，抛下一切杂念，美好的事物就会触手可及。假如放下心中的抱怨和不满足，把生命中的每一段经历都当作最后一次去珍惜，感恩生活赐予我们的一切，我们是不是会活得更加轻松、更加快乐呢？

早上起来，看到窗外的阳光，我们要感恩；吃一块面包，想到一餐一饭的来之不易，我们要感恩；接到朋友的电话，感受到友谊的包围与温暖，我们要感恩；看到一只小鸟在树上唱歌，我们要感恩；看到猫咪恬静地睡在床头，我们要感恩……就这样，我们的一天乃至一生都在这感恩的心情中度过。这样的我们还会找不到幸福吗？

有人去请佛陀指点生活的迷津。佛陀邀他进入内室，耐心聆听此人滔滔不绝地谈论自己存疑的各种问题。许久过后，佛陀举手，此人立即住口，想知道佛陀要指点他什么。

"你吃早餐了吗？"佛陀问道。

这人点点头。

"你洗了早餐的碗吗？"佛陀再问。

这人又点点头，接着张口欲言。

佛陀在这人说话之前说道："你有没有把碗晾干？"

"有的，有的。"此人不耐烦地回答，"现在你可以为我解惑了吗？"

"你已经有答案了。"佛陀答道，接着便把他请出了门。

几天之后，这人终于明白了佛陀点拨的道理。佛陀是在提醒他要把重点放在眼前，将眼光放在当下。

是的，能够好好地珍惜当下，不正是对生命最好的感恩吗？每时每刻都以感恩之心幸福地生活，还有什么烦恼是不能超脱的呢？

身处生活此岸的我们，时常会产生出这样的错觉：或许，一切快乐和幸福都在彼岸。如果，我们把这错觉当成对生活的美好向往，并努力为之奋斗，那它将成为积极生活的动力；如果，我们只一味地叹息那些无法得到的，蹉跎了时光，那这错觉将成为我们前进路上的巨大阻力。珍惜当下的幸福和快乐，积极地为美好的明天而奋斗，才是我们现在要去做的。

珍惜当下的幸福，就是要抓牢我们所拥有的幸福。